METODOLOGIA DA PESQUISA
ABORDAGEM TEÓRICO-PRÁTICA

COLEÇÃO
MAGISTÉRIO: FORMAÇÃO E TRABALHO PEDAGÓGICO

Esta coleção que ora apresentamos visa reunir o melhor do pensamento teórico e crítico sobre a formação do educador e sobre seu trabalho, expondo, por meio da diversidade de experiências dos autores que dela participam, um leque de questões de grande relevância para o debate nacional sobre a Educação.

Trabalhando com duas vertentes básicas – magistério/formação profissional e magistério/trabalho pedagógico –, os vários autores enfocam diferentes ângulos da problemática educacional, tais como: a orientação na pré-escola, a educação básica: currículo e ensino, a escola no meio rural, a prática pedagógica e o cotidiano escolar, o estágio supervisionado, a didática do ensino superior etc.

Esperamos assim contribuir para a reflexão dos profissionais da área de educação e do público leitor em geral, visto que nesse campo o questionamento é o primeiro passo na direção da melhoria da qualidade do ensino, o que afeta todos nós e o país.

Ilma Passos Alencastro Veiga
Coordenadora

ELISABETE MATALLO MARCHESINI DE PÁDUA

METODOLOGIA DA PESQUISA
ABORDAGEM TEÓRICO-PRÁTICA

Capa	Fernando Cornacchia
Coordenação	Ana Carolina Freitas
Foto de capa	Rennato Testa
Copidesque	Edimara Lisboa
Diagramação	DPG Editora
Revisão	Isabel Petronilha Costa

Dados Internacionais de Catalogação na Publicação (CIP)
(Câmara Brasileira do Livro, SP, Brasil)

Pádua, Elisabete Matallo Marchesini de
Metodologia da pesquisa: Abordagem teórico-prática/Elisabete
Matallo Marchesini de Pádua. 18ª ed. rev. e ampl. – Campinas,
SP: Papirus, 2016. (Coleção Magistério: Formação e Trabalho
Pedagógico)

Bibliografia.
ISBN 978-85-449-0207-3

1. Pesquisa 2. Pesquisa – Metodologia I. Título. II. Série.

16-07025   CDD-001.42

Índices para catálogo sistemático:

1. Metodologia da pesquisa   001.42
2. Pesquisa: Metodologia   001.42

18ª Edição – 2016
3ª Reimpressão – 2023
Livro impresso sob demanda – 60 exemplares

Exceto no caso de citações, a grafia deste livro está atualizada segundo o Acordo Ortográfico da Língua Portuguesa adotado no Brasil a partir de 2009.

Proibida a reprodução total ou parcial da obra de acordo com a lei 9.610/98.
Editora afiliada à Associação Brasileira dos Direitos Reprográficos (ABDR).

DIREITOS RESERVADOS PARA A LÍNGUA PORTUGUESA:
© M.R. Cornacchia Editora Ltda. – Papirus Editora
R. Barata Ribeiro, 79, sala 316 – CEP 13023-030 – Vila Itapura
Fone: (19) 3790-1300 – Campinas – São Paulo – Brasil
E-mail: editora@papirus.com.br – www.papirus.com.br

Para
Luciana, Tatiana e Leonardo

Se quisermos exercer alguma influência no rumo empreendido pela ciência contemporânea, é preciso que tomemos consciência da necessidade de uma dupla ação: uma ação direta, tentando "dominar" os conhecimentos científicos e detectar suas ilusões; uma ação indireta, convertendo-nos em "pedagogos" capazes de formar aqueles que mudarão o mundo. Para tanto, temos que nos transformar por dentro e, ao mesmo tempo, criar as condições exteriores, tornando possível uma transformação do mundo do saber. Esse tipo de atividade constitui uma ruptura no encadeamento do determinismo histórico cego e merece a seguinte denominação: fazer a história.

H. Japiassu

SUMÁRIO

PREFÁCIO À 18ª EDIÇÃO 11

INTRODUÇÃO 15

1. SOBRE A QUESTÃO DO MÉTODO 19
Filosofia e ciência: A construção de paradigmas 19
A questão do método: Notas sobre o contexto histórico 20
Método e ciências humanas 25
Algumas conclusões 29

2. O PROCESSO DE PESQUISA 35
Pesquisar: Qual o seu significado? Algumas considerações iniciais 35
Principais momentos do processo: Uma introdução às técnicas 42

Etapa I – O projeto de pesquisa: Planejamento 43
*Seleção do tema; formulação do problema; levantamento das hipóteses;
levantamento bibliográfico inicial; indicação dos recursos técnicos e
metodológicos; indicação dos recursos econômicos; plano provisório de
assunto; cronograma da pesquisa; apresentação do projeto de pesquisa*

Etapa II – A coleta de dados 59

Pesquisa bibliográfica; pesquisa experimental; pesquisa documental; entrevistas; questionários e formulários; estudos de caso; relatos de experiências/relatórios de estágios; observação sistemática

Etapa III – A análise dos dados 87

Classificação e organização das informações coletadas; estabelecimento das relações existentes entre os dados; tratamento estatístico dos dados

Etapa IV – A elaboração escrita 92

Estrutura definitiva do projeto de pesquisa; redação final; apresentação gráfica geral

3. PROPOSTA DE CRITÉRIOS PARA ACOMPANHAMENTO E AVALIAÇÃO DA PESQUISA NA GRADUAÇÃO 109

BIBLIOGRAFIA 117

ANEXOS 123

Exemplos referentes à forma gráfica do texto; exemplo de roteiro para observação sistemática em instituições; orientações gerais para revisão de literatura; principais normas da Associação Brasileira de Normas Técnicas (ABNT) utilizadas nos meios acadêmicos

PREFÁCIO À 18ª EDIÇÃO

O método é a atividade pensante do sujeito.
Edgar Morin

A presente edição tem um significado especial para a autora e também, com certeza, para a Editora.

Lançado em 1996, no VIII Encontro Nacional de Didática e Práticas de Ensino – Endipe (Florianópolis, 7 a 10 de maio de 1996), sua trajetória foi, gradativamente, se consolidando como um texto de referência para a graduação, de tal forma que chegamos em 2016 completando 20 anos de sua presença no catálogo da Papirus Editora.

À época de seu lançamento, como docente da PUC-Campinas e titular das disciplinas Metodologia do Trabalho Científico, Metodologia da Ciência, Métodos e Técnicas de Pesquisa, Epistemologia, entre outras, envidava esforços para superar um viés tecnicista que, por vezes, dominava os conteúdos programáticos trabalhados com os alunos. A ideia, compartilhada com outros docentes que naquele momento também ministravam disciplinas de Metodologia, foi iniciar, desde a graduação, uma discussão da ciência, do método e da metodologia por uma ótica filosófica, com aportes da teoria do conhecimento. É essa a discussão que dá início ao texto deste livro.

Nessa perspectiva, ainda que de forma inicial, se consolida no livro a abordagem da ciência como uma construção sócio-histórica do conhecimento, de caráter processual e provisório; essa foi a matriz que deu origem à ampla caracterização dos paradigmas que, nos seus correspondentes períodos históricos, orientaram filósofos, cientistas, pesquisadores e estudiosos da ciência, na busca de compreenderem a complexidade do real.

Por essa ótica, *Metodologia da pesquisa: Abordagem teórico-prática* foi um texto pioneiro ao trazer, desde 1996, um pano de fundo filosófico para o desenvolvimento da disciplina Metodologia da Pesquisa, possível de ser trabalhado na graduação das diferentes áreas do conhecimento.

Cabe lembrar que o ano de 1996 teve grande importância para a educação no Brasil, pela promulgação da Lei de Diretrizes e Bases da Educação Nacional – lei n. 9.394/96, bem como sua posterior regulamentação por meio das Diretrizes Curriculares Nacionais para cada curso de graduação. Em consequência, desencadeou-se amplo movimento de revisão curricular dos cursos, em consonância com o novo perfil profissional proposto pelas diretrizes para cada área.

A ênfase das Diretrizes Curriculares Nacionais na interdisciplinaridade, na discussão e contextualização histórico-sociológica da produção do conhecimento, na articulação do ensino com a pesquisa e a extensão e, sobretudo, seu foco nos processos de aprendizagem dos alunos inauguraram um novo tempo para a formação na graduação.

No plano internacional, também tivemos, em 9 de outubro de 1998, a Unesco lançando as diretrizes para a educação superior no século XXI, na conferência internacional realizada em Paris. Em 2008, uma nova conferência internacional reafirmou a importância daquelas diretrizes. Novos tempos, novos desafios!

As recomendações da Unesco, bem como os princípios e valores das Diretrizes Curriculares Nacionais, ampliaram a compreensão de formação na graduação para além da formação técnico-profissional, objetivo maior da graduação, de modo que se tornaram imprescindíveis a formação política, a formação técnico-científica e a formação ética, com vistas ao comprometimento com as mudanças sociais – dimensões essas integradas, visando ao desenvolvimento da capacitação profissional de excelência e da progressiva autonomia intelectual dos alunos.

Assim, aprender a conhecer e seu desdobramento nos 4 Pilares da Educação – aprender a aprender, aprender a fazer, aprender a conviver e aprender a ser (Unesco, Comissão Internacional sobre Educação no Século XXI, Relatório Delors) – constituíram, e acredito que ainda hoje constituem, desafios a serem enfrentados.

Na reflexão sobre a trajetória deste livro, não poderia ignorar o impacto das tecnologias de informação e comunicação, especialmente a partir do ano 2000, sobre os procedimentos metodológicos de pesquisa que trabalhamos com os alunos na graduação atualmente.

Os suportes virtuais e o desenvolvimento de tecnologias interativas de aprendizagem nos desafiam, na prática pedagógica cotidiana, enquanto professores, tutores, orientadores de trabalhos de conclusão de curso, de iniciação científica e de pesquisa, no sentido de também nos formarmos, ao mesmo tempo em que mediamos a formação dos alunos, nos novos ambientes virtuais de aprendizagem e investigação.

Ao assumir esses desafios, a Metodologia da Pesquisa, como disciplina, vem propondo uma revitalização de seu papel no desenvolvimento curricular, na graduação, considerando:

- Sua integração como parte do desenvolvimento curricular, superando o conceito de "disciplina de apoio", de "disciplina complementar", que acompanhou por muito tempo sua trajetória;
- Sua articulação com as demais disciplinas do curso, na perspectiva da interdisciplinaridade e da transdisciplinaridade;
- Sua transversalidade como componente curricular, que integra teoria e prática na abordagem teórico-filosófica da ciência e do método.

Esses cenários, brevemente apontados acima, já demandaram adequações para a revisão da 10ª edição do livro, que teve apenas pequenos acréscimos nas edições posteriores, mantendo-se os objetivos iniciais da publicação. Não é demais acrescentar que, no âmbito da metodologia, há necessidade de revisão permanente dos procedimentos, estratégias de coleta e análise de informações e normas, visando acompanhar as mudanças que ocorrem nos diferentes contextos, modalidades e processos de pesquisa.

No entanto, permanecem as exigências, durante todo o processo, de uma organização lógica que percorra um caminho metodológico, adequado à graduação, e, por que não, à especialização. Esse caminho, esse olhar metódico, sistemático, criativo, que se inicia com a problematização e contextualização de um tema ou situação-problema, e com a *conversa* com outros autores que o pesquisaram, é que vai permitir a seleção de procedimentos/técnicas que, do ponto de vista científico, trarão legitimidade e consistência ao conhecimento que será produzido.

Para a presente edição, acrescentei um capítulo (Capítulo 3), que trata da avaliação processual de trabalhos acadêmicos de conclusão de curso, integrando os aspectos metodológicos da avaliação e aqueles relacionados à trajetória acadêmica e de aprendizagem dos alunos para realizá-los. Construídos ao longo de minha experiência como docente, são aspectos que merecem atenção nos processos avaliativos, cabendo uma adequação às diferentes situações didático-pedagógicas em que forem utilizados.

Finalmente, uma reflexão sobre o significado da figura que ilustra a capa do livro. Não tive oportunidade de conhecê-la antes do lançamento, em 1996; foi uma agradável surpresa, pela metáfora do livro como uma ferramenta, e ainda mais, de jardinagem, que amo desde sempre. Hoje, seu significado se amplia: ferramenta que revolve, areja e prepara o solo para que novas ideias lancem novas raízes, novos brotos, novas folhagens, flores e frutos, na renovação permanente da metodologia e, por que não, da ciência e do conhecimento!

Que assim continue a ser.

A autora,
julho de 2016.

INTRODUÇÃO

O objetivo deste texto é oferecer diretrizes básicas para o desenvolvimento das atividades de pesquisa, a partir dos elementos que a nossa prática docente tem identificado como sendo os conhecimentos básicos para se iniciar uma pesquisa com caráter científico. Nesse sentido, reunimos aqui os procedimentos que temos trabalhado nos cursos de graduação e pós-graduação ministrados na PUC-Campinas e em outras instituições de ensino superior, procedimentos esses que fomos, ao longo do tempo de docência, buscando nos vários autores que tratam da temática da metodologia, e que se revelaram, na prática, os mais utilizados pelos pesquisadores.

Nosso trabalho com o pesquisar tem procurado articular os fundamentos filosóficos, epistemológicos e éticos com as orientações técnicas para o desenvolvimento da pesquisa, no sentido de superar a visão tecnicista, muitas vezes predominante, de que o ensino da metodologia deveria estar voltado para o domínio das técnicas, das normas, das regras, como se, em si, a aplicação rigorosa das técnicas pudesse determinar a qualidade das pesquisas ou a sua relevância para a produção do conhecimento.

A prática pedagógica nos tem apontado diferentes formas de trabalhar com as orientações para o desenvolvimento da pesquisa na universidade, referenciadas nos objetivos da série e do projeto pedagógico de cada curso em que atuamos.

Nesse processo, tem ficado cada vez mais evidente a necessidade de uma abordagem histórico-filosófica do desenvolvimento da ciência que nos possibilite discutir sua importância em nossa cultura, bem como as transformações recentes ocorridas no processo do conhecer, advindas da revolução tecnológica que hoje vivemos.

Compreender o significado das grandes revoluções científicas e os paradigmas que lhes deram suporte, sem dúvida alguma, nos auxilia no reconhecimento do caráter histórico da ciência, bem como de sua provisoriedade como possibilidade de explicar a realidade. Ao mesmo tempo, possibilita-nos (e legitima!) a (re)incorporação de outros saberes – o empírico, o mítico, o teológico, o filosófico – no processo de produção do conhecimento, como formas diferenciadas de saber, tão fundamentais para o homem quanto para a ciência, ou seja, saberes tão necessários quanto a ciência para o enfrentamento dos desafios postos pelas atuais mudanças sociais e pela comunicação globalizada.

Por outro lado, no âmbito acadêmico, as atividades de pesquisa, como mediadoras das relações teoria-prática, possibilitam que, no próprio cotidiano de alunos e professores, vá se construindo a crítica da ciência e da tecnologia, como formas de saber dominantes em nossa cultura.

Dessa forma, os procedimentos, as técnicas que dão suporte ao desenvolvimento do processo de pesquisar constituem-se como meios, através dos quais poderemos implementar nosso projeto de desenvolvimento de uma formação intelectual rigorosa, crítica e sintonizada com nosso tempo, em especial nos cursos de graduação.

Para esta edição, preparamos uma revisão e ampliação do texto, com base em nossa prática pedagógica, incorporando também sugestões de alunos e professores, em especial dos que elaboram e orientam trabalhos de conclusão de curso na graduação e na pós-graduação.

Assim, na primeira parte do texto apresentamos uma abordagem histórico-filosófica sobre a questão da ciência e do método; na segunda parte, a partir de algumas considerações sobre a atividade de pesquisa, procuramos introduzir orientações básicas para o desenvolvimento do processo de pesquisa; acrescentamos também o Capítulo 3, que trata da avaliação dos trabalhos acadêmicos de pesquisa, integrando indicadores referentes aos aspectos teórico-metodológicos a indicadores que possibilitam avaliar o comprometimento e a postura ética do aluno durante todo o processo de elaboração e apresentação da sua produção acadêmica, seja uma monografia, um relatório técnico-científico, um estudo de caso ou outras modalidades de trabalhos acadêmicos.

Agradecemos à comunidade acadêmica pela ampla aceitação de nossas propostas no âmbito da metodologia, em especial aos professores que têm trabalhado com essas orientações para pesquisa e enfrentado conosco o desafio de uma prática educativa pautada no ensino com pesquisa e voltada para a descoberta e o desenvolvimento da autonomia intelectual dos educandos.

1
SOBRE A QUESTÃO DO MÉTODO

Filosofia e ciência: A construção de paradigmas

> *Todo indivíduo ativo tem uma prática, mas não tem uma clara consciência teórica desta prática que, no entanto, é um conhecimento do mundo, na medida em que transforma o mundo.*
>
> A. Gramsci

Paradigma: (do grego) exemplar, modelo, exemplo, padrão.

Modelo teórico: modo de explicação, construção teórica, idealizada, hipotética, que serve para a análise ou avaliação de uma realidade concreta (Japiassu e Marcondes 1991).

A definição de paradigma como modelo e deste como uma construção teórica que possibilita a análise de uma realidade concreta já nos permite vislumbrar a complexidade da tarefa e o esforço enorme que demanda, quando se pretende tratar da filosofia, da ciência e dos paradigmas que norteiam as diferentes compreensões de realidade do mundo clássico, moderno ou contemporâneo.

Tratar de paradigmas (alargando um termo tomado de T. Kuhn) significa aqui pensar nos grandes períodos históricos em que predominaram formas específicas de explicação da realidade, as quais, em graus diferenciados, orientaram a prática dos homens, suas relações com o trabalho, a cultura, a organização social.

Nem de longe se pretende esgotar a temática proposta. O que se pretende nesta breve introdução é assinalar, a partir de uma contextualização histórica, os momentos e autores que consideramos relevantes para a compreensão dessa temática, buscando trazer elementos que possam contribuir para o entendimento de como o processo do conhecimento foi se construindo, apontando suas principais características nos períodos históricos considerados, como um quadro amplo, a partir do qual se possa, posteriormente, aprofundar os estudos dos autores contemporâneos mais significativos para a área específica em que a questão metodológica vier a ser trabalhada.

A questão do método: Notas sobre o contexto histórico

A busca de uma explicação verdadeira para as relações que ocorrem entre os fatos, quer naturais, quer sociais, passa, dentro da chamada teoria do conhecimento, pela discussão do método.

Como reflexão sobre a constituição do real, encontramos, desde a Grécia Antiga, uma disposição dos filósofos para a organização de sistemas explicativos que pudessem encontrar a verdade. Constatamos tantas concepções de verdade quantos sistemas organizados, seja dentro de uma mesma "escola", seja dentro do mesmo "período" em que se costuma dividir a história.

O sentido do método tem, na filosofia antiga, uma conotação diferente daquela que vai assumir a partir da filosofia moderna. Sócrates,

Euclides, Platão, Aristóteles e outros filósofos, além das chamadas questões metafísicas, trataram também da geometria, da lógica, da matemática, da física, da medicina, da astronomia, imprimindo uma visão totalizante às suas interpretações do mundo, nem sempre encontrada na ciência moderna. Tal visão inclui a preocupação com o saber-fazer, isto é, a técnica, e tem seu ponto de partida na geometria e na matemática, com a noção de medida (saber-medir), que caracteriza as explicações sobre o universo, a matéria, o movimento, os corpos etc.

De modo amplo, podemos afirmar que a construção da tradição metafísica clássica se deu a partir do esforço dos filósofos para identificar como eram constituídos os objetos, os seres, o universo, isto é, a busca de sua essência.

Apesar da importância do pensamento mítico-religioso, as explicações filosóficas vão predominando de forma crescente, desde o período dos pré-socráticos, passando pelos períodos clássico e helenístico da civilização grega, até os autores do período greco-romano. Este último é marcado pelo advento do ecletismo e do cristianismo, gerando as condições para mudanças sociais importantes, que se refletem no modo de analisar o real e que vão caracterizar toda a Idade Média.

O teocentrismo medieval, de certo modo retomando os filósofos gregos, porém com metodologia estruturada em torno do drama da "salvação" e das questões teleológicas (explicações qualitativas e finalísticas), desloca as preocupações do saber-medir para a problemática da conciliação razão-fé, já que o cosmos era a "expressão da vontade de Deus".

Santo Agostinho (354-430) tenta estabelecer os fundamentos do cristianismo com base nas teorias de Platão. A filosofia grega é ainda o ponto de partida para os trabalhos de santo Tomás de Aquino (1227-1273), que enfoca a questão da razão-fé a partir das verdades profanas (filosófico-científicas) dos sistemas explicativos de Aristóteles e das verdades cristãs, contidas nas Sagradas Escrituras.

A característica marcante do período é a transformação dos textos bíblicos em fonte de autoridade científica e, de modo geral, a existência de uma atitude de preservação/contemplação da natureza, considerada sagrada.

O geocentrismo de Ptolomeu (século II) predomina até o final do período, quando esse *universo das leis divinas* começa a ser questionado a partir da própria astronomia, quando Copérnico (1473-1543), retomando a hipótese de Pitágoras, (r)estabeleceu o heliocentrismo, fundamentando a nova concepção da estrutura do universo, base para as pesquisas de Brahe (1546-1601), Kepler (1571-1630), Galileu (1564-1642) e Newton (1642-1727), entre outros, que revolucionaram os conceitos de ciência e método.

O mundo moderno, *universo das leis necessárias*, rompe toda uma estrutura teológica e a epistemologia predominante no período medieval; a nova ciência busca uma interpretação "matematizada" (matemática aqui tomada no sentido grego, *mathesis universalis*, de conhecimento perfeito, completo e dominado pela razão) e formal do real, trazendo para a metodologia de análise desse real a questão da neutralidade do conhecimento científico. Ao mesmo tempo, a postura diante desse real passa da atitude de preservação para a de manipulação e transformação da natureza, atendendo ao próprio desenvolvimento que ocorria no nível da economia, que se organizava nos moldes capitalistas.

Surge uma nova elaboração do conceito de ordem, que será a motivação principal na elaboração moderna do método: sem ordem não há conhecimento possível. Com isso, o método assume dois elementos fundamentais da matemática: a ordem e a medida, a fim de representar corretamente os seres (coisas, corpos, ideias, afetos etc.) do real e, sem risco de erro, chegar ao conhecimento "verdadeiro". Esse conhecimento assume também o sentido da previsão, isto é, conhecer para prever, prever para controlar a natureza, controlar para melhorar as próprias condições de vida do homem. O método científico passa a ser o parâmetro para o conhecimento verdadeiro e a experimentação, a fonte de autoridade para a fundamentação do saber.

Essa alteração na perspectiva da fundamentação do saber pode ser entendida a partir do significado do método experimental, estabelecido em torno da relação de causa-efeito e dos conceitos de causalidade. Galileu (1564-1642) estabelece dois "momentos" do método, a indução e a dedução, a partir dos quais se processa o conhecimento.

F. Bacon (1561-1626) aprofunda a questão da indução, lançando as bases para o estabelecimento do método indutivo-experimental; este teve seus vários aspectos quanto à validade do conhecimento, dentro dos limites da experiência, abordado principalmente pelos empiristas ingleses, T. Hobbes (1588-1679), J. Locke (1632-1704), D. Hume (1711-1776) e J.S. Mill (1806-1873).

R. Descartes (1596-1650) vai estabelecer as bases do método racional-dedutivo, "invertendo" a posição de Bacon; o chamado racionalismo foi desenvolvido ainda por N. Malebranche (1638-1715); B. Espinosa (1631-1677) e G. Leibniz (1646-1716).

Essas posições acabam por definir posteriormente que o mundo natural ou físico é objeto da ciência – nível do sensível (fatos); o mundo humano ou espiritual seria objeto da filosofia – nível do suprassensível.

Partindo da análise do empirismo e do racionalismo, E. Kant (1724-1804) vai argumentar que, se por um lado o conhecimento é a síntese ou conexão dos dados que somente a experiência pode fornecer, por outro lado, a síntese é impossível sem os elementos racionais. A análise kantiana revoluciona a posição filosófica tradicional, na qual o pesquisador (sujeito) tem que se adequar ao objeto (fatos), e indica novos rumos para a questão do método, propondo o sujeito como ordenador e construtor da experiência, através da ordem que o pensamento impõe aos fenômenos (fatos).

Uma das contribuições mais importantes da história da filosofia, a dialética hegeliana, vai criticar o sistema explicativo kantiano; Hegel (1770-1831) considerava a explicação kantiana a-histórica, porque entendia o conhecimento não apenas como "a capacidade de apreensão daquilo que é ou existe, mas também e principalmente da apreensão do *processo* pelo qual as coisas vêm a ser, tornando-se isto ou aquilo" (Leopoldo e Silva 1984a, p. 109).

Com a Revolução Francesa (1789) marcando o fim do período moderno, o período contemporâneo é caracterizado pelo desenvolvimento acelerado da economia capitalista; o entendimento da realidade já indicava o primado do conhecimento científico, saber que se (re)afirmava neutro, isto é, independente de valores éticos ou morais. No nível das ciências naturais a questão do método evolui, a experimentação ganhando cada vez mais terreno e se firmando como critério para se estabelecer a verdade sobre o real.

O mundo contemporâneo – *universo das probabilidades e incertezas* – é marcado por uma discussão que questiona a *infalibilidade* do conhecimento científico; essa revisão, realizada nas décadas de 1920 e 1930, tem no Círculo de Viena sua expressão maior; importantes pensadores, como R. Carnap (1891-1970), O. Neurath (1881-1945), H. Reichenbach (1891-1953), estruturaram um conceito de ciência a partir da ideia de operacionalidade e mensuração. Esses autores, que representam a tendência neopositivista (empirismo lógico), sustentam que a lógica, a matemática e as ciências empíricas "esgotam" o domínio do conhecimento possível do real.

Nesse mesmo período, porém discutindo e reavaliando os conceitos do Círculo de Viena, Karl Popper faz a crítica da indução como método para se chegar a um conhecimento definitivo do real; propõe que o indutivismo seja substituído por um modelo hipotético-dedutivo, ressaltando que o que deve ser testado numa hipótese não é a sua possibilidade de verificação, mas sim a de refutação – o critério de refutabilidade é que possibilitaria distinguir a ciência da não ciência (pseudociência), isto é, especificar a cientificidade ou não de uma teoria.

Polemizando com Popper, Thomas Kuhn já aborda a questão do método a partir da ciência entendida em dois momentos. No primeiro momento, a ciência trabalha para solucionar problemas com os pressupostos conceituais, metodológicos e instrumentais que são compartilhados pela comunidade científica e que constituem um paradigma. A ciência normal amplia e aprofunda o aparato conceitual do paradigma, sem, contudo, alterá-lo. No segundo, à medida que o desenvolvimento e o progresso do conhecimento requerem explicações que o paradigma vigente não pode fornecer, a ciência passa por uma crise, que pode dar origem a uma revolução científica, casos das teorias de Newton, Darwin, Einstein, por exemplo; com isso, Kuhn quer mostrar que *os enunciados científicos são provisórios e que a ciência não opera com verdades irrefutáveis.*

O debate Popper-Kuhn foi decisivo para o repensar da questão do método, tanto é que Paul Feyerabend, criticando as posições neopositivistas, mostra que o método, enquanto normatiza os procedimentos científicos, não é um instrumento de descoberta. E vai mais além, quando afirma que não existe norma de pesquisa que não tenha sido "violada", propondo, em *Contra o método,* seu texto mais polêmico, uma epistemologia anarquista perante o racionalismo, buscando mostrar que a ciência avança sem um plano previamente ordenado.

Método e ciências humanas

> *Com Copérnico, o homem deixou de estar no centro do universo. Com Darwin, o homem deixou de ser o centro do reino animal. Com Marx, o homem deixou de ser o centro da história (que aliás, não possui um centro). Com Freud, o homem deixou de ser o centro de si mesmo.*
>
> Eduardo Prado Coelho

Se nas ciências naturais a questão do método propiciou – via experimentação – uma "segurança" para as explicações científicas, um problema surge com a tentativa de elaborar sistemas explicativos para as ciências humanas: Como medir o social? Como encontrar parâmetros científicos para entender/controlar a dinâmica dos grupos sociais? das classes? dos indivíduos e suas motivações para a ação social, a questão da liberdade e do Estado? O método das ciências naturais poderia ser *aplicado* nas ciências sociais?

Embora tais questões tenham sido abordadas por pensadores modernos, como Rousseau (1712-1778), encontramos em Karl Marx (1818-1883) e Augusto Comte (1798-1857) as abordagens mais significativas do século XIX, que exerceram influências definitivas na discussão do método, influências até o presente polêmicas, retomadas de diferentes perspectivas por pensadores do século XX.

Marx retoma a ideia de processo desenvolvida por Hegel, vendo a história não mais como um processo de desenvolvimento da própria razão; a concepção marxista da história parte do princípio de que a produção e o intercâmbio de bens materiais constituem a base de toda ordem social. Portanto, não são as ideias (razão) que determinam o comportamento do homem, mas a forma com que os homens participam da produção de bens é que determina seus pensamentos e ações. Evidentemente, essa determinação não é mecânica, é complexa, estrutural, e se dinamiza nas relações existentes entre os níveis da própria estrutura social, ou seja, o econômico, o jurídico-político e o ideológico. Nesse sentido, para se analisar o processo de construção do conhecimento deve-se levar em conta o entrelaçamento desses três níveis e o papel de cada um na construção histórica de determinado modo de produção (no que se refere à ciência moderna, o modo de produção capitalista).

Para Marx, toda ciência seria supérflua se a aparência, a forma das coisas, fosse totalmente idêntica a sua natureza; no entanto, a busca de explicações verdadeiras para o que ocorre no real não vai se dar através do estabelecimento de relações causais ou relações de analogia, mas sim no desvelamento do "real aparente" para se chegar ao "real concreto" – a ciência é, ao mesmo tempo, a revelação do mundo e a revelação do homem como ser social, levando em conta o papel da cultura e do trabalho que, em cada momento histórico, apresentam a possibilidade de expansão e aquisição de conhecimentos, pretendendo ultrapassar o nível da "descrição" dos fenômenos isolados, para chegar a sínteses explicativas; essas sínteses, por sua vez, sugerem novas relações, novas buscas, novas sínteses, que realimentam o processo do conhecimento.

Já o positivismo de Comte traz para a análise do social o método utilizado até então pelas ciências naturais, dentro de suas visões da física social, isto é, o social estaria sujeito às mesmas leis invariáveis que regem os fenômenos físicos, fisiológicos, químicos etc.; traz também a noção de progresso – leis do desenvolvimento progressivo elaboradas em sua sociologia dinâmica, que "garantem" de certa forma que a ciência positiva, segundo a qual a previsibilidade dos fenômenos deve ser buscada através de leis gerais, é o ponto máximo de desenvolvimento do processo social geral; esse processo passa da fase teológica para a fase metafísica e finalmente atinge a fase da ciência objetiva, positiva, com a incorporação sistemática de todos os aspectos da existência humana num contexto definido pela racionalidade e pela objetividade, as quais fornecem orientações positivas para o entendimento da sociedade.

A questão da racionalidade e da objetividade do método assume, a partir da consolidação do positivismo, a vanguarda do saber científico; a ciência considera-se onipotente para resolver as questões sociais de modo geral, desde a economia até a moral, a racionalidade também garantindo o progresso indefinido da técnica. À elite científico-industrial cabe, legitimamente, resolver todos os problemas de ordem social.

Em nome do progresso, do desenvolvimento social, passa-se à construção de uma visão científica do relacionamento social e das relações de produção, que tem como consequência o emprego de técnicas através das quais se controlam todas as variáveis do processo econômico e social.

A tecnocracia, como forma de poder baseada na técnica, tem no dualismo seu modelo ideal de analisar a sociedade: de um lado, existe a realidade social, de outro, existe o pensamento dessa realidade, que só os especialistas técnicos realizam; as decisões são tomadas em nome da eficiência e da técnica, o poder passa a ser partilhado com aquelas pessoas que detêm a informação científica, indicando uma tendência cada vez mais elitista do saber; o século XX assiste a uma completa compartimentalização do saber científico, à medida que as várias áreas do conhecimento buscam se adequar a esses princípios de racionalidade e objetividade para se elevarem à categoria de conhecimento científico. A metodologia conquistou seu espaço, em virtude da necessidade de se garantir procedimentos científicos em cada ciência particular (biologia, física, psicologia etc.) e uma técnica geral, que garantisse uma estrutura lógica para as teorias científicas.

Cabe aqui mencionar que, no campo das ciências humanas, muitas foram as contribuições das diversas áreas do conhecimento que se estruturaram em fins do século XIX e já no século XX; a psicanálise de S. Freud (1856-1939) e a psicologia analítica de Carl G. Jung (1875-1961) vieram trazer uma nova proposta de entendimento do comportamento do indivíduo, ao mesmo tempo em que surgiam vários estudos na antropologia, linguística, sociologia, política, com perspectivas de análises diversas, que têm colaborado para um controvertido debate sobre a questão do método.

A obra de Max Weber (1864-1920) é um marco para a sociologia do início do século XX – sua sociologia compreensiva contrapõe-se ao marxismo. A partir de um curso ministrado em Viena no ano de 1918 – "Uma crítica positiva da concepção materialista da história" –, Weber inicia uma síntese de sua obra, elaborando *Economia e sociedade*, um clássico da sociologia contemporânea.

As décadas de 1930 e 1940 foram fundamentais para a organização das ciências sociais e para a consolidação de posturas metodológicas distintas, no que se refere à compreensão do homem e sua ação, quer individual, quer inserida nos grupos sociais ou instituições.

Os pensadores que se reuniram no Instituto de Pesquisa Social de Frankfurt (1913) fundaram o que hoje chamamos de Escola de Frankfurt. Ao núcleo inicial – M. Horkheimer (1895-1973), seu fundador, T. Adorno (1903-1969), H. Marcuse (1989-1979) e W. Benjamin (1892-1940) – juntaram-se W. Reich, H. Arendt, J. Habermas, E. Fromm, só para citar alguns. Tendo como referencial teórico predominante as obras de Kant, Hegel e Marx, buscaram construir uma teoria crítica da sociedade e da técnica, sem contudo prender-se aos clássicos, que reinterpretaram e muitas vezes criticaram; o positivismo, o totalitarismo, a cultura de massa, o papel da ciência e da técnica, o papel da família, são pontos importantes da crítica frankfurtiana.

Outras metodologias se organizaram nas ciências sociais: a partir da antropologia de C. Lévi-Strauss, o estruturalismo ganhou espaço como método, principalmente nos estudos de linguística e etnologia.

O pensamento técnico também suscita um debate nas ciências sociais; esse pensamento apresenta dois momentos importantes: a cibernética, estruturada por Norbert Wiener (1948) e a teoria matemática da informação, de C.E. Shannon, complementadas com a teoria dos jogos matemáticos, de J. von Newmann (1944). Esses estudos trazem para a abordagem do real a questão da automação, da computação, que uniformizam a interpretação deste real, agora com uma técnica sofisticada, uma vez que todo funcionamento dinâmico pode ser descrito pelas mesmas leis e por mecanismos de autorregulação capazes de se alterar para "chegar à estabilidade" (*inputs*, processamentos, *outputs*, *feedback* etc.).

Nas ciências sociais, essa linguagem e esse método são absorvidos pela abordagem sistêmica, que procura *aplicar* a mesma postura metodológica de origem positivista – assim como a natureza, a sociedade também é um sistema e como tal pode ser cientificamente apreendida e controlada. Como alerta Pedro Demo (1988, p. 111),

> à medida que se corta a discussão sobre os fins da sociedade, discutem-se somente os meios de administrá-la. Colocá-la para funcionar, fazê-la girar dentro do dinamismo retroalimentativo, azeitar possíveis fricções, eis a tarefa que os dominantes esperam da metodologia sistêmica.[1]

Algumas conclusões

> *Contra o positivismo, que para diante dos fenômenos*
> *e diz: "Há apenas fatos", eu digo: "Ao contrário,*
> *fatos é o que não há; há apenas interpretações".*
> Nietzsche

---

1. Ver também Buckley (1976), que discute um novo quadro conceitual para a sociologia, baseado na teoria dos sistemas, na cibernética, na teoria da informação e da comunicação.

Esse esboço[2] nos permite perceber que houve uma ruptura no que diz respeito à compreensão da realidade, na passagem do período medieval para o período moderno, caracterizada pela separação entre filosofia e ciência; a partir dessa ruptura, o entendimento do método passou a ser cada vez mais como *instrumental* e condição necessária para se estabelecerem os limites, a demarcação, entre o que era ou não científico. O método substituiu os mitos, as religiões, pela racionalidade, pela lógica, pela objetividade, a fim de captar e manipular uma realidade a partir de uma base experimental.

Não queremos afirmar que a racionalidade, a lógica, a objetividade não sejam elementos fundamentais para a geração do conhecimento, para o processo de compreensão da realidade; chamamos a atenção para o fato de que o método foi aos poucos sendo visto como técnica, como garantia de um conhecimento neutro sobre o real, como obsessão por procedimentos, que são fatores que acentuaram a fragmentação do saber em muitas "especialidades", cada uma tratando de seus procedimentos, cristalizando práticas de investigação consideradas infalíveis e de validade universal, porque alicerçadas no método científico. Os pressupostos ético-filosóficos e ideológicos deixaram de ser considerados.

Foi por meio do método que a ciência se propôs a construir um conhecimento sistemático e seguro da natureza, com base no pressuposto de que se poderia compreender o universo por intermédio do mundo visível, dos fenômenos mensuráveis, observáveis, testáveis, enfim, com base na experimentação – condição necessária para o estabelecimento de enunciados científicos *verdadeiros*. Isso imprimiu um caráter mecanicista à concepção do universo e um caráter determinista à concepção de método.

Para poder operar nesse nível – o conhecimento do mundo –, as explicações deviam ser depuradas de toda evolução e historicidade, decorrendo daí o que Morin denomina de disjunção entre sujeito-objeto, objeto-meio, para que o objeto pudesse ser controlado, medido,

---

2. Para um aprofundamento da visão histórica é fundamental a obra de Bernal (1976). Para complementação, ver Severino (2007) e Chaui (1994).

verificado. Assim, opera-se outra redução, fundamentada na ideia de que o conhecimento dos elementos de base do mundo físico e biológico é fundamental, enquanto o conhecimento de seus conjuntos, suas mudanças e suas diversidades é secundário.

A separação entre filosofia e ciência teve dupla consequência: ao "eliminar" a filosofia, o método eliminou as possibilidades de uma crítica de seus procedimentos e de uma análise de seus pressupostos filosóficos, da concepção de homem e de mundo que o orienta; ao mesmo tempo, considerações de ordem teleológica não faziam mais parte dos horizontes da ciência, não se questionando a *finalidade* da produção do conhecimento científico.

Só no século XX, com o advento da mecânica quântica, da teoria da relatividade de Einstein e outras descobertas importantes da física, da biologia e da biofísica que esse caráter mecanicista e determinista começa a enfrentar discussões e críticas.

É no interior da própria ciência que vai se gestando uma crise, centrada justamente na questão do método. Se o método era a garantia de um conhecimento correto, inquestionável, por que razão, à medida que se "conhecia" mais, que se propalava o grande progresso da ciência, esses conhecimentos não alteravam substancialmente as condições de vida do homem, e a realidade social se apresentava cada vez mais caótica?

Tal pergunta coloca novamente dois pontos em discussão:

1) A questão da finalidade da produção do saber científico;

2) A questão da infalibilidade do método experimental.

Esses pontos sugerem aos cientistas e aos filósofos uma reflexão sobre a ciência e seu método.

O que podemos observar na discussão contemporânea do método é que existe uma disposição dos cientistas para a superação do cientificismo.

O cientificismo, que se caracterizou como uma forma de pensar derivada do positivismo, considerou o método científico como o *único* e *definitivo* conhecimento da realidade – na esfera da ciência poderíamos encontrar a solução para *todos* os problemas, sejam eles de natureza física ou social. Hoje, discute-se a ciência única e infalível como um mito positivista.

Durante muito tempo a ciência buscou eliminar incertezas, dúvidas, imprecisões, a fim de dominar e controlar o mundo; contraditoriamente, o resultado foi a organização de uma ciência que hoje trabalha com o aleatório, o incerto, o indeterminado, o complexo. Sem procurar estabelecer *leis* a qualquer preço, a visão contemporânea de método busca

> um pensamento transdisciplinar, um pensamento que não se quebre nas fronteiras entre as disciplinas. O que interessa é o fenômeno multidimensional e não a disciplina que recorta uma dimensão deste fenômeno. Tudo o que é humano é ao mesmo tempo psíquico, sociológico e econômico, histórico, demográfico. (Morin *et al.* 1989, p. 35)

É importante que esses aspectos não sejam separados, mas sim que concorram para uma visão poliocular, como apontaram os autores citados.

Nessa ótica, Morin e Le Moigne (2000) vêm buscando organizar o paradigma da complexidade, mostrando que a superação da visão positivista não significa a eliminação da ciência ou do método científico, mas a necessidade de se mudar o *modo reducionista de pensar*, como condição para a produção do conhecimento neste período de incertezas. Nesse sentido,

> o pensamento complexo é, pois, essencialmente o pensamento que trata com a incerteza e que é capaz de conceber a organização. É o pensamento capaz de reunir, de contextualizar, de globalizar, mas, ao mesmo tempo, capaz de reconhecer o singular, o individual, o concreto. (Morin e Le Moigne 2000, p. 207)

Esse reconhecimento passa a incluir no horizonte do conhecimento aspectos antes não levados em conta pela ciência clássica, por não serem passíveis de mensuração, de quantificação. Assim, o emergente paradigma da complexidade propõe que, no processo do conhecimento, se levem em consideração o contexto, a existência, a afetividade, os desejos, os sofrimentos, os sujeitos – em suas múltiplas relações –, a solidariedade e a ética, para que possamos desenvolver uma visão mais abrangente, transdisciplinar e integradora dos saberes que o homem vai construindo ao longo da história.[3]

O referido fenômeno multidimensional requer certamente que se passe a considerar a *filosofia como parte* de todo o processo de construção do conhecimento e não mais como uma opção – *filosofia ou ciência* –, como se configurou até recentemente na história da ciência. A ciência contemporânea propõe problemas de ordem filosófica, ao mesmo tempo que a filosofia não pode ficar alheia ao significado do desenvolvimento histórico da ciência.

Dessa "contradição" pode surgir uma nova dimensão, que possibilite integrar o conhecimento subjetivo (autoconhecimento) ao conhecimento objetivo, um processo de reconstrução conceitual que, ultrapassando o mecanicismo, o positivismo, o determinismo, possa responder à complexidade da transição que vivemos hoje.

Complexidade e transição filósofos contemporâneos como J.F. Lyotard, J. Derrida e J. Baudrillard tratam como elementos característicos de um novo momento histórico do processo do conhecimento, o pósmoderno.[4]

O fato é que Lyotard, ao introduzir a ideia da "condição pósmoderna", quer discutir a *superação da modernidade*, a superação da crença na infalibilidade do conhecimento científico que, ao invés de

---

3. Ver discussão sobre o paradigma da complexidade na visão de Edgar Morin em Pádua e Matallo Junior (orgs.) (2008, pp. 15-46).
4. Além dos autores citados, para discussão do conceito de pós-moderno ver Silva (org.) (1993).

libertar o homem, criou condições de subjugá-lo ainda mais à dominação econômica, política e ideológica.

Nessa perspectiva, há a necessidade de compreendermos que a produção do conhecimento é processual, que esse processo é histórico, individual e coletivo ao mesmo tempo, derivado da práxis humana e, por isso mesmo, não linear nem neutro, como queria a ciência positivista.

Não é meramente uma questão de procedimentos sem pressupostos, ao contrário, é justamente a partir da análise dos pressupostos ontológicos, éticos, ideológicos, que teremos condições de compreender a complexidade do real, ou seja, como destacam Moraes e La Torre (2006, p. 148):

> Dependendo dos referenciais utilizados, sabemos que todo paradigma tem implicações ontológicas, epistemológicas e metodológicas importantes, que explicam o funcionamento da realidade e do que é cognoscível. (...) cada paradigma nos permite fazer uma leitura do que é conhecimento a partir de diferentes enfoques, mesmo o conhecimento do senso comum.

Enfim, há necessidade de compreendermos as múltiplas determinações que concorreram para a estruturação do processo do conhecimento nesses três grandes períodos históricos, como ponto de partida para uma interpretação crítica dos diferentes autores que expressaram, com suas teorias, uma visão de mundo alicerçada nesses paradigmas.

2
O PROCESSO DE PESQUISA

O objeto do conhecimento é produto da atividade
humana e como tal – não como mero objeto da
contemplação – é conhecido pelo homem.
A.S. Vasquez

Pesquisar: Qual o seu significado?
Algumas considerações iniciais

Tomada num sentido amplo, pesquisa é toda atividade voltada para a solução de problemas; como atividade de busca, indagação, investigação, inquirição da realidade, é a atividade que vai nos permitir, no âmbito da ciência, elaborar um conhecimento, ou um conjunto de conhecimentos, que nos auxilie na compreensão dessa realidade e nos oriente em nossas ações.

Nesse sentido, o conhecimento vai se elaborando historicamente, através do "exercício" dessa atividade, da reflexão sobre o que se conseguiu apreender através dela, dos resultados a que se chegou e das ações que foram desencadeadas a partir de tais resultados.

Assim, toda pesquisa tem uma intencionalidade, que é a de elaborar conhecimentos que possibilitem compreender e transformar a realidade; como atividade, está inserida em determinado contexto histórico-sociológico, estando, portanto, ligada a todo um conjunto de valores, ideologia, concepções de homem e de mundo que constituem esse contexto e que fazem parte também daquele que exerce essa atividade, ou seja, o pesquisador.

Quando se fala em pesquisa na universidade, muitas vezes essa atividade tem sido entendida como o domínio de um conjunto de procedimentos, de técnicas, sob a denominação de metodologia; nessa perspectiva, a questão do método é reduzida a uma simples *aplicação* de técnicas, como se, em decorrência do rigor dessa aplicação, pudéssemos ter pesquisas "melhores" ou "piores". Tal entendimento deve ser superado.

Na verdade, a questão dos procedimentos é uma questão instrumental, portanto referente à prática do pesquisar, como um conjunto de técnicas que permitem o desenvolvimento dessa atividade nos diferentes momentos do seu processo; nesse sentido, as técnicas, que nos auxiliam e possibilitam elaborar um conhecimento sobre a realidade, não podem se caracterizar como instrumentos meramente formais, mecânicos, descolados de um referencial teórico que as contextualize numa totalidade mais ampla.

Já o estudo do método, como teoria explicativa, abarca o conjunto dos caminhos percorridos pelas ciências para a produção dos seus conhecimentos; esse estudo está intimamente articulado à abordagem epistemológica; epistemologia tomada aqui como teoria crítica dos princípios, métodos e conclusões das ciências.[1]

---

1. Há uma polêmica em torno da concepção e abrangência da epistemologia. O seu campo clássico abrange lógica da ciência, semântica da ciência, teoria do conhecimento e metodologia da ciência. Sobre a temática, ver Bunge (1980), Bachelard (1983), Piaget (1970) e Lenin (1976).

No plano da pesquisa, epistemologia, método e procedimentos técnicos se constituem como elementos indissociáveis em todo o processo de investigação que se desencadeia com o pesquisar; entretanto esse processo está longe de ser homogêneo, linear, uniforme, a-histórico.

Ao contrário, é histórico, complexo e repleto de contradições; é justamente em decorrência desse caráter histórico do processo de produção do conhecimento que encontramos as diferentes concepções de ciência e de método apontadas no Capítulo 1, cada uma pressupondo formas diferenciadas para o pesquisar.

É nesse sentido que se utilizam as expressões método dialético, método positivista, método estruturalista, por exemplo, na perspectiva de que cada um tem sua visão de mundo, concepção de homem, pressupostos ético-filosóficos, que determinam suas diretrizes e procedimentos para a atividade de pesquisa, seus entendimentos sobre o processo de produção do conhecimento, bem como a forma de articulação dos conceitos e categorias para análise da realidade.

Assim, partindo do pressuposto de que a ciência contemporânea é como um conhecimento em processo de construção, um contínuo *re-fazer*, fica a exigência de um contínuo *re-pensar* sobre seu corpo teórico-prático. Como frisou Japiassu (1975, p. 28),

> compete à epistemologia revelar como a ciência constrói os seus objetos. É de sua alçada mostrar por que os cientistas dão preferência a este ou àquele tema em detrimento de outros, bem como mostrar quais as categorias de análise (instrumental conceitual de uma teoria) que são empregadas.

Portanto, é no âmbito da epistemologia que poderemos trabalhar as questões da teoria do conhecimento – relação sujeito-objeto no processo do conhecimento –, da objetividade e da neutralidade da ciência, bem como do método, enfim, as características da produção do conhecimento nas diferentes áreas do saber.

Por outro lado, a ontologia, a ideologia e a ética são elementos que fazem parte desse processo e constituem a visão de mundo daqueles que se propõem a pesquisar.

Essa visão de mundo, que vai sendo construída no nosso cotidiano, constitui-se em uma percepção global sobre a realidade, permitindo-nos apreender/compreender sua complexidade. Nessa visão vão se integrando elementos do plano teórico – políticos, ideológicos, sociológicos, éticos – que, historicamente, vão formando essa compreensão mais ampla. Nem sempre temos condições de explicitá-la, ou temos plena consciência de nossa visão de mundo, mas ela se coloca como uma categoria mais abrangente que, sem dúvida, interfere em nossa opção pelo próprio objeto de pesquisa ou, como afirma Gamboa (1991, p. 115), "é a responsável pelas opções de caráter técnico, metodológico, teórico, epistemológico e filosófico que o pesquisador faz durante o processo de investigação".

O quadro a seguir mostra como esses elementos se integram no processo de pesquisa e como podem contribuir para a constituição de nossa visão de mundo.

Embora, no processo didático-pedagógico, possa ser dada maior ênfase ora nas questões técnicas, ora nas questões éticas ou de método, a *articulação* e a *dinâmica* entre todos esses elementos não podem ser ignoradas, ao contrário, devem ser gradativamente estudadas e trabalhadas a partir dos primeiros contatos com os processos de pesquisa.

Até meados do século XX considerou-se como *científico* o conhecimento produzido a partir das bases estabelecidas pelo método positivista, apoiado na experimentação, na mensuração e no controle rigoroso dos dados (fatos), tanto nas ciências naturais como nas ciências humanas. Associou-se a ideia de cientificidade à pesquisa experimental e *quantitativa*, cuja objetividade seria garantida pelos instrumentos e técnicas de mensuração e pela *neutralidade* do próprio pesquisador perante a investigação da realidade.

Quadro I – Pesquisa: Visão integrada dos principais elementos do processo

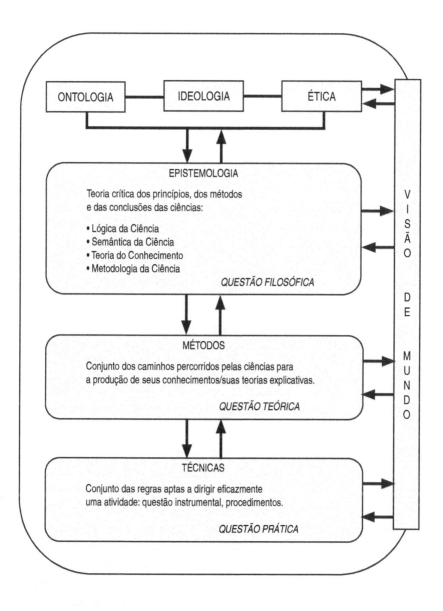

Metodologia da pesquisa 39

Com o desenvolvimento das investigações nas ciências humanas, as chamadas pesquisas *qualitativas* procuraram consolidar procedimentos que pudessem superar os limites das análises meramente quantitativas. A partir de pressupostos estabelecidos pelo método dialético, e também apoiadas em bases fenomenológicas, pode-se dizer que as pesquisas qualitativas têm se preocupado com o *significado* dos fenômenos e processos sociais, levando em consideração as motivações, as crenças, os valores, as representações sociais, que permeiam a rede de relações sociais. Como esses aspectos não são passíveis de mensuração e controle, nos mesmos moldes da ciência dominante, sua cientificidade tem sido frequentemente questionada.

Embora, historicamente, à medida que foram se legitimando e consolidando os procedimentos qualitativos nas ciências humanas, tenha se estabelecido certo preconceito com relação às análises quantitativas, não se pode excluí-las do horizonte do pesquisador, como se em todas as atividades de investigação tivéssemos que optar – ou pesquisa qualitativa, ou pesquisa quantitativa. Como nota Gouveia (1984, pp. 67-70),

> há problemas de investigação que exigem informações referentes a um grande número de sujeitos e que, conseqüentemente, não comportam outro recurso senão o da abordagem quantitativa. Em outros casos, como por exemplo, quando se quer apreender a dinâmica de um processo, a abordagem qualitativa é a indicada. Existem ainda situações em que a combinação das duas abordagens não só é cabível como, sobretudo, desejável.

No entanto, é necessário que se tenha clareza dos objetivos das pesquisas quantitativas e qualitativas. A pesquisa quantitativa tem por objetivo buscar regularidades, padrões, relações constantes na realidade estudada, por meio da experimentação/verificação, visando desenvolver teorias explicativas que possam ser reconhecidas como leis gerais; daí a ênfase na mensuração, na classificação e na possibilidade de previsões, a partir dos dados encontrados. Já a pesquisa qualitativa, ao buscar o sentido, o significado e a relevância dos achados, tem por objetivo observar e interpretar a realidade estudada, por meio de procedimentos metodológicos diversificados, buscando explicações alternativas, que possam gerar comparabilidade ou exemplaridade e, portanto, sem a pretensão de estabelecer leis gerais ou previsões; porém, na pesquisa qualitativa permanecem critérios de consistência, de credibilidade e fidedignidade das fontes de informação, que lhe conferem legitimidade científica.

Aqui reside a importância da *reflexão* sobre as atividades de pesquisa em qualquer campo do saber, seja a matemática, seja a biologia ou a sociologia. Essa reflexão deve ser iniciada já nas primeiras séries da graduação, nas atividades de pesquisa, individuais ou em grupo, que cada disciplina propõe; nas séries finais, quando da elaboração das monografias de conclusão de curso, por exemplo, cria-se a oportunidade para um aprofundamento teórico dessas questões, que serão certamente retomadas ao longo da formação de cada pesquisador.

Outro aspecto importante que devemos destacar é quanto à classificação referente aos *tipos* de pesquisa existentes. Muitos autores têm buscado organizar uma tipologia para as atividades de pesquisa, a partir de diferentes critérios e enfoques, tais como: os campos da atividade humana (multidisciplinares/interdisciplinares), a utilização dos resultados (pura/aplicada), segundo as técnicas e instrumentos de observação (direta-participante/não participante ou indireta-questionários/entrevistas) ou ainda quanto ao "material" utilizado em sua elaboração (bibliográfica/documental).

Essas tipologias surgiram para auxiliar o desenvolvimento das atividades de pesquisa; entretanto, para além do formalismo que uma tipologia requer, devemos reconhecer que o fundamental é compreender a realidade em seus múltiplos aspectos e, para tanto, essa compreensão vai requerer, e talvez admitir, diferentes enfoques, diferentes níveis de aprofundamento, diferentes recursos, dependendo dos objetivos a serem alcançados e das possibilidades do próprio pesquisador para desenvolvê-los.

Considerando os objetivos deste texto, o critério que utilizamos partiu do procedimento geral para a pesquisa, razão pela qual apresentaremos as orientações técnicas para a pesquisa bibliográfica, para a pesquisa experimental e para a pesquisa documental, não como "tipos" que se excluem entre si, ao contrário, como "tipos" que frequentemente têm se complementado e possibilitado que se aprofunde o estudo do problema a ser pesquisado.

Portanto, os procedimentos que indicamos a seguir devem ser vistos como *técnicas auxiliares* para a elaboração de pesquisas acadêmicas de caráter científico, podendo ser utilizadas nas abordagens quantitativas e qualitativas, *desde que teoricamente contextualizadas.*

Importante ainda frisar que os trabalhos acadêmicos de iniciação científica não devem ser encarados como simples cumprimento de "tarefas", mas sim como atividades que oportunizam a formação de um pensamento lógico, crítico, capaz de estabelecer *relações* entre os conhecimentos apreendidos através de análises da realidade, enfim, constituem-se em momentos de crescimento intelectual, que ocorrem a partir do esforço e da prática reflexiva de cada um.

Assim, as atividades de pesquisa, independentemente de sua finalidade – para dissertações, trabalhos acadêmicos ou trabalhos de conclusão de curso em suas diferentes modalidades (monografia, artigo, estudos de caso e outros) –, não produzem conhecimento "ao acaso", mas contribuem – tendo em vista as representações, as ideias e as teorias imbuídas nessas atividades – para a formação da visão de mundo de cada um e, portanto, para uma nova compreensão do mundo e do ser humano.

Principais momentos do processo: Uma introdução às técnicas

> *O homem com um novo conhecimento*
> *é um homem transformado.*
> Álvaro Vieira Pinto

O desenvolvimento da pesquisa envolve quatro momentos marcantes, cada um com seus desdobramentos e especificidades:

Etapa I – O projeto de pesquisa: Planejamento

Etapa II – A coleta de dados

Etapa III – A análise dos dados

Etapa IV – A elaboração escrita

Tanto essa "divisão" como a denominação "etapa" são recursos didáticos que nos permitem organizar o desenvolvimento de todo o processo; na prática, não se constituem como atividades isoladas, etapas rígidas ou estanques, independentes umas das outras, mas estão articuladas entre si, complementam-se, pelo próprio desencadeamento lógico das atividades de pesquisa.

Também não podemos dizer que uma etapa seja mais importante que a outra, ao contrário, por suas características, cada uma e todas são igualmente importantes, embora, na prática, possamos nos dedicar mais a uma delas.

ETAPA I – O projeto de pesquisa: Planejamento

Esta primeira etapa do processo vai se caracterizar por vários momentos que, interligados, constituem o planejamento da pesquisa, a saber:

- Seleção do tema;
- Formulação do problema;
- Levantamento das hipóteses;
- Levantamento bibliográfico inicial;
- Indicação dos recursos técnicos e metodológicos;
- Indicação dos recursos econômicos;
- Plano provisório de assunto (com uma divisão dos capítulos, itens e subitens do plano da pesquisa);
- Cronograma da pesquisa;
- Apresentação do projeto de pesquisa.

1) Seleção do tema – Com a seleção do tema inicia-se o processo do planejamento da pesquisa; muitas vezes, as temáticas a serem pesquisadas são previamente selecionadas pelos departamentos ou institutos, no caso das universidades, a partir de seus projetos pedagógicos, linhas de pesquisa ou contratos de pesquisa.

Em alguns casos, a seleção parte de uma decisão pessoal do pesquisador, em função de sua carreira docente ou das exigências de cursos de especialização e pós-graduação. Em outros, uma seleção indicativa é feita pelos professores, a fim de auxiliar os alunos no processo.

A escolha do tema define a área de interesse a ser pesquisada.

No geral, a *área de especialização* do pesquisador é o primeiro critério de seleção do tema, pela sua familiaridade em relação aos problemas de sua área, quer no sentido da necessidade de maior fundamentação teórico-prática, quer no sentido da falta de explicações científicas para determinados fatos ou circunstâncias.

Uma *lacuna em nossa formação profissional* também pode se constituir num critério para a escolha do tema. O desafio de superar uma "falha" em nosso conhecimento de um determinado assunto pode ser motivo para a seleção de um tema para a pesquisa.

Essa motivação é importante para que o pesquisador consiga enfrentar as inúmeras dificuldades que um processo de pesquisa apresenta; no entanto, não se deve confundir motivação com interesse pessoal exagerado, que leve a uma possível distorção ou manipulação dos resultados da pesquisa.

A *relevância* do estudo de determinado assunto para a área de atuação do pesquisador também se constitui num critério para a escolha do tema; a relevância pode ser atribuída a alguma contribuição que a pesquisa irá trazer para a área de conhecimento do pesquisador ou do contexto global do conhecimento científico. Não se exige que o tema seja absolutamente inédito, mesmo porque o conhecimento científico tem caráter processual e, como tal, é cumulativo.

A *reelaboração de aspectos teóricos ou práticos* de determinada área também pode ser relevante, quando não prioritária. Nem sempre a reelaboração significa a duplicação de pesquisas sobre um mesmo tema, mas o pesquisador deve estar atento a essa possibilidade, evitando tratar um tema com um enfoque já existente.

Outro critério que pode nortear a seleção do tema é a sua *aplicabilidade*. A aplicação prática atende às necessidades de uma área específica do conhecimento, e tem contribuído para o avanço de conhecimento científico e para a solução imediata de problemas concretos.

Na escolha do tema o pesquisador deve ainda levar em conta seus limites pessoais para a realização da pesquisa – formação intelectual, e os limites institucionais – condições que a instituição oferece/garante para que a pesquisa seja realizada.

O bom senso e a atitude crítica do pesquisador devem levar à escolha de tema exequível para a pesquisa, tanto no que diz respeito ao acesso aos dados que permitam realizá-la, quanto ao real interesse de seus resultados para a comunidade científica ou acadêmica.

2) Formulação do problema – "Formular é expressar de forma precisa, afirmar definida e sistematicamente" (Dusilek 1986, p. 67).

Isso significa que nesse momento o pesquisador, após escolher seu tema de pesquisa, deverá delimitá-lo, a partir da situação problemática, no sentido de encaminhar operacionalmente o desenvolvimento de sua pesquisa, de acordo com o tema escolhido; geralmente, o tema tem uma amplitude que comporta vários estudos e interpretações, cabendo ao pesquisador a tarefa de "decompô-lo" e selecionar com precisão seu campo de atuação. Isso não significa descontextualizar o tema ou perder a referência do todo do qual faz parte.

A identificação e a formulação do problema não são processos fáceis, que se deem ao acaso; ao contrário, exigem uma reflexão crítica do pesquisador, pois disso depende a originalidade da pesquisa e a contribuição que trará para o conhecimento científico e para sua própria formação.

Não há uma "técnica" para delimitação, pois todo o processo depende da natureza do assunto a ser pesquisado; no entanto, os seguintes aspectos devem ser levados em consideração:

- O enunciado do problema inicia o processo de investigação;
- Orienta a coleta de dados;
- Determina os resultados da pesquisa.

Partindo da situação problemática, devem-se examinar os fatos e as explicações já existentes (ou possíveis) em relação a esses fatos; nem sempre as explicações já existentes são plausíveis ou se enquadram no contexto do conhecimento científico, o que dará margem a uma exploração preliminar do assunto, a fim de se encontrar o tipo de solução que se deseja para o problema (ver Quadro II). Importante destacar que a situação problemática se encontra em determinado contexto, tanto no âmbito da ciência quanto no que se refere ao contexto histórico-social mais amplo, do qual destacamos um aspecto para ser investigado; portanto, esse aspecto ou problema faz parte de uma totalidade e isso não pode ser deixado de lado no decorrer do processo.

Quadro II – Formulação do problema[2]

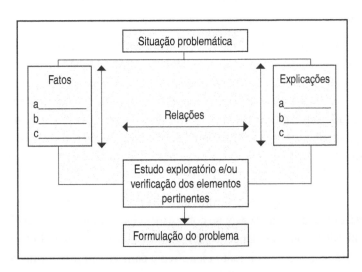

---

2. Adaptado de Dusilek (1986, p. 74).

Muitas vezes, o enunciado de um problema se apresenta como o resultado de um estudo exploratório anteriormente realizado; o pesquisador já se interessou por uma temática, já verificou seus elementos constitutivos e chegou à conclusão de que efetivamente existe um problema – teórico ou prático – que necessita de uma solução.

O esquema que apresentaremos a seguir (*ibidem*, p. 75) pode auxiliar na formulação e descrição do problema a ser pesquisado, sintetizando os itens que devem ser considerados nesta fase do projeto:

Formulação

- O que é o problema? (identificação e contextualização)
- Quais são os dados a ele relacionados? (acervo de informações já disponíveis)
- Quais são os pressupostos? (acervo de ideias – quadro teórico mais amplo)
- Quais são os meios e técnicas de estudo? (acervo de procedimentos para o tratamento do problema)
- Quais são as relações lógicas implícitas, por exemplo, entre os dados e a incógnita? (condições que relacionam os elementos constituintes do problema)
- Que tipo de solução se deseja para o problema? (esquema provisório de resultados)
- Que tipo de comprovação se necessita? (identificação da solução)
- Por que se procura uma solução? (finalidade da pesquisa)

Exploração preliminar

- Que aspecto tem? (busca de analogias com o conhecido)
- Está definido? Se está, como? (no caso de conceitos)
- Está pressuposto? Se está, em que base? (no caso de supostos)
- Está tomado como hipótese? Se está, com que evidência favorável? (no caso de supostos)

- É observável? (no caso de objetos físicos ou sociais)
- É quantificável? É mensurável? (no caso de objetos físicos ou sociais)
- De que modo pode ser quantificado ou mensurado?

Descrição do problema

- Em que consiste? (correlação com o concreto)
- Como é constituído? (busca de propriedades)
- Onde se localiza? (lugar)
- Quando ocorre? (tempo, periodicidade)
- De que é feito? (fatores que entram em sua composição)
- De que modo as partes constituintes, se elas existem, estão inter-relacionadas? (questão de configuração do todo ou relação com totalidade mais ampla)
- Quanto? (ideia de quantidade)

Os itens mencionados constituem um roteiro auxiliar para uma descrição sistematizada do problema. Certamente cada pesquisador vai, ao longo do tempo, construindo seu próprio roteiro para o planejamento da pesquisa. Deve-se lembrar ainda que a formulação e a descrição do problema da pesquisa não são estabelecidas de forma mecânica ou inquestionável e podem sofrer alterações à medida que se avança no processo ou diante da possibilidade de mais de uma solução para o problema.

3) Levantamento das hipóteses – Conforme a etimologia da palavra, hipótese é "o que está suposto", e que será (ou não) confirmado pela pesquisa.

A hipótese propõe uma solução para o problema levantado pelo pesquisador, e constitui uma interpretação provisória, antecipada, que a pesquisa vai confirmar ou infirmar, invalidar.

A função da hipótese é fixar a diretriz da pesquisa, tanto no sentido prático, orientando a coleta de dados, quanto no sentido teórico, coordenando os resultados em relação a um sistema explicativo ou teoria.

Toda hipótese científica deve ser passível de teste/verificação; mas isso não significa que possa haver uma conclusão absoluta a respeito de determinado fato; se admitimos que a ciência tem caráter processual, uma hipótese pode a qualquer momento ser refutada por outras experiências.[3]

No plano da ciência, a *característica operacional* da hipótese é ser passível de verificação; essa verificação pode ser realizada de duas maneiras:

- Pela *observação sistemática*: estudo dos fenômenos tais como se apresentam;
- Pela *experimentação*: estudo dos fenômenos em condições determinadas pelo pesquisador.

O pesquisador deve definir, já nesta primeira fase da pesquisa, o plano de verificação das hipóteses levantadas. Deve estar atento, portanto, às *características funcionais* da hipótese. Toda hipótese deve ser logicamente plausível e estar relacionada a uma teoria.

Segundo Goode e Hatt (1975, cap. 6) os seguintes itens devem ser levados em conta ao estabelecermos uma hipótese:

- A conexão da hipótese a um quadro de referência teórico claro;
- A possibilidade de utilizar logicamente este esquema teórico;

---

3. Para complementação, ver discussão sobre o método científico estabelecida em Gewandsznajder (1989).

- O conhecimento (ou possibilidade de acesso) das técnicas de pesquisa existentes (ou disponíveis) para verificação da hipótese.

Quanto aos tipos de hipóteses, embora existam várias classificações, sugerimos agrupá-las, segundo o grau de abstração, em hipóteses descritivas e hipóteses analíticas.

As *hipóteses descritivas* estabelecem a existência de uniformidades empíricas, e geralmente ficam no nível da *descrição* das regularidades encontradas, sintetizadas em mapas, tabelas e gráficos. São utilizadas nos levantamentos de dados (*surveys*) que querem expressar o grau de uniformidade de determinado fato, nas pesquisas quantitativas.

As *hipóteses analíticas* estabelecem relações entre variáveis, a fim de que se verifique em que grau a mudança em um fator encontra-se relacionada com a mudança em outro fator.

O número de variáveis é delimitado pelo pesquisador a partir do seu universo teórico, campo hipotético, portanto, este tipo de hipótese abre possibilidades para novas descobertas, novas pesquisas.

O levantamento das hipóteses a partir de suas características funcionais e operacionais demonstra a importância e o papel do pesquisador no processo de pesquisa. A vivência, a área de especialização, a criticidade e a intuição do pesquisador são fatores relevantes nesta fase do processo heurístico, fatores que garantem a produção do conhecimento científico.

4) Levantamento bibliográfico inicial – Esta fase é caracterizada pelo contato inicial do pesquisador com as referências bibliográficas já disponíveis a respeito do tema escolhido, e tem a finalidade de elaborar uma primeira bibliografia sobre o assunto.

A *leitura de reconhecimento* (ou pré-leitura) já permite uma visão global do assunto a ser pesquisado, bem como permite verificar a existência ou não de outros trabalhos com a mesma abordagem;

demanda certo cuidado do pesquisador ao examinar prefácios, introdução, conclusão, sumários etc., para selecionar uma bibliografia que realmente interesse ao desenvolvimento da pesquisa.

Esse levantamento bibliográfico, por ser inicial, tem caráter provisório e dinâmico, deve ser revisto e ampliado, caso necessário, à medida que se desenvolve a coleta de dados; é um levantamento preliminar, sem a pretensão de esgotar a bibliografia disponível sobre o tema, mas que possibilita ao pesquisador ir estabelecendo os parâmetros de sua abordagem.

Pode-se iniciar com as obras de referência mais gerais, como enciclopédias ou dicionários especializados, que geralmente trazem uma relação da bibliografia disponível sobre o tema. Os livros introdutórios também costumam trazer essas indicações bibliográficas.[4]

A consulta ao catálogo de assunto das bibliotecas, anais de congressos e aos artigos de revistas especializadas também fornece subsídios para esta fase da pesquisa.

É importante que se elabore um *guia bibliográfico* com base em todo esse material consultado, com a relação das obras que deverão ser depois analisadas profundamente, ou anotações resumidas do conteúdo dos textos consultados, como indicador para consultas posteriores.

Esse levantamento inicial tem, portanto, os seguintes objetivos:

- Evitar pesquisas com a mesma abordagem (a não ser nos casos de verificação ou confirmação);
- Pesquisar se existem outras abordagens do problema levantado e verificar como foi pesquisado, quais os instrumentos (técnicas) utilizados e se há possibilidade de aperfeiçoar técnicas já existentes;

---

4.   Há algumas coleções com essas características: As Ideias, Cultrix; Os Pensadores, Abril; Primeiros Passos e Tudo é História, Brasiliense; Ideias Contemporâneas, Ática.

- Estabelecer uma visão global e crítica a respeito do problema e das hipóteses levantadas para sua solução;
- Iniciar (pré-seleção) o guia bibliográfico, indicando a possível bibliografia básica e a bibliografia complementar para o estudo da temática proposta.

Esse procedimento orienta a coleta de dados, segundo os critérios de importância e significação dos materiais para a pesquisa, de tal forma que não se acumulem dados desnecessários ou irrelevantes com relação à hipótese levantada.

Modelo de guia bibliográfico

Título _____		
Autor _____		
Dados bibliográficos _____		
Bibliografia básica ☐	Bibliografia complementar ☐	
Indicado para o capítulo _____	Referências/anotações	

5) Indicação dos recursos técnicos e metodológicos – Nesta fase do planejamento cabe a indicação preliminar dos recursos que o pesquisador pretende utilizar para a coleta de dados, quais os procedimentos a serem adotados para a investigação científica; se possível, cabe definir aqui também o plano de análise dos dados.

Isso significa que se devem especificar/descrever a natureza da pesquisa e as fontes selecionadas para o seu desenvolvimento:

- Pesquisa documental: fontes
- Pesquisa bibliográfica: fontes

- Pesquisa experimental: características dos grupos de amostra, tipos de amostragem ou outros instrumentos de coleta de dados; plano de análise dos dados.[5]

6) Indicação dos recursos econômicos – Nos trabalhos acadêmicos de graduação nem sempre este item é necessário; no entanto, alguns projetos de iniciação científica patrocinados por agentes financeiros, como Capes e CNPq, por exemplo, já requerem o detalhamento das condições financeiras necessárias ao desenvolvimento das atividades de pesquisa.

O pesquisador deve discriminar as verbas necessárias ao desenvolvimento do projeto, elaborando uma previsão de custos.

Relacionamos, a seguir, possíveis itens a serem considerados, pois esta discriminação depende tanto do tema quanto do tipo de pesquisa:

- Material;
- Material de consumo;
- Treinamento de pessoal: gastos com reuniões formais para treinamento relacionado ao uso de técnicas ou aplicação de questionários/formulários etc.;
- Remuneração de serviços pessoais e de terceiros;
- Gastos com computação e análise dos dados: tabulação, micro etc.;
- Outros: diárias, passagens etc.;

7) Plano provisório de assunto (com uma divisão dos capítulos, itens e subitens do plano da pesquisa) – Este plano provisório constitui um esboço da provável estrutura do trabalho e possibilita maior objetividade na coleta de dados.

Normalmente este plano vai sendo alterado no decorrer da coleta de dados, em razão do aprofundamento de conceitos ou da inclusão de novos elementos, mas a estrutura básica deve permanecer, garantindo

---

5. Ver detalhamento sobre pesquisa documental, pesquisa bibliográfica e pesquisa experimental na parte referente à Etapa II – Coleta de dados.

o desenvolvimento lógico do processo de pesquisa, a interligação dos elementos necessários ao desenvolvimento da hipótese e as características da modalidade prevista.

O plano de assunto deverá ter sua estrutura organizada de acordo com a modalidade de trabalho acadêmico a ser desenvolvida, tanto na graduação como na pós-graduação. Dessa forma, vamos encontrar características específicas para a estrutura do plano de assunto, que se diferenciam pela forma como é organizado e apresentado o desenvolvimento da pesquisa, como mostra o quadro a seguir:

Quadro III – Características da estrutura em algumas modalidades

Relatório técnico-científico NBR 10719 – jun./2015	Monografia	Estudo de caso	Projeto técnico
Introdução	Introdução	Introdução	Introdução
Desenvolvimento	Desenvolvimento	Desenvolvimento	Desenvolvimento
– Revisão de literatura – Materiais e métodos – Apresentação e discussão dos resultados	– Capítulo I (itens e subitens do capítulo) – Capítulo II (itens e subitens do capítulo) – Capítulo III (itens e subitens do capítulo) etc.	– Delimitação e descrição do caso (caracterização) – Apresentação dos registros (diário de pesquisa, história de vida, prontuários, biografias etc.) – Análise e interpretação do caso	Apresentação de projeto conforme orientação específica do curso. Exemplos: – memorial descritivo – esquemas – etapas técnicas de elaboração de produto – protótipos – maquetes e outros
Conclusão (Considerações finais)	Conclusão	Conclusão (Considerações finais)	Conclusão (Considerações finais teóricas e/ou apresentação do "produto" final)
Referências bibliográficas	Referências bibliográficas	Referências bibliográficas	Referências bibliográficas
Bibliografia (quando solicitada)	Bibliografia (quando solicitada)	Bibliografia (quando solicitada)	Bibliografia (quando solicitada)
Anexos e/ou apêndices (quando pertinentes)	Anexos e/ou apêndices (quando pertinentes)	Anexos e/ou apêndices (quando pertinentes)	Anexos e/ou apêndices (quando pertinentes)

Dusilek (1986, p, 81) chama a atenção para a funcionalidade do plano provisório na orientação dos assuntos para as fichas de coleta de dados a serem utilizadas no desenvolvimento, observando que, dessa forma,

fica assegurado que as informações encontradas na procura exaustiva de elementos constituintes do problema e comprobatórios da hipótese estarão corretamente alocadas com relação à estrutura lógica e conceitual do trabalho... o plano deve ser o produto da reflexão e do conhecimento do tema da pesquisa.

Dessa forma, sugerimos que, quando possível, os cabeçalhos de assunto para as fichas de coleta de dados tenham sempre o referencial dos capítulos, itens ou subitens a que se referem, de modo a auxiliar a interligação dos itens aos capítulos, o que vai facilitar posteriormente a verificação dos dados e a estruturação definitiva do plano de assunto.

8) Cronograma da pesquisa – Como observamos em trabalho anterior, é

absolutamente necessário que se organize um cronograma de trabalho, sequencial, pelo qual se possa avaliar o estágio do processo de desenvolvimento da pesquisa. Pode-se dividir o tempo disponível em função das etapas principais de realização da pesquisa e subdividir o cronograma para organizar o trabalho em cada etapa, discutindo a viabilidade de execução com o professor/orientador da pesquisa e redimensionando-o caso a sequência prevista seja interrompida por algum motivo. (Pádua 2015a, p. 191)

A disciplina intelectual que o trabalho de pesquisa exige faz com que o pesquisador se organize para escalonar, no tempo disponível, as etapas do processo e as tarefas que cada etapa comporta.

O cronograma de execução orienta as atividades do pesquisador; esta observação se faz necessária porque existem dificuldades para o cumprimento do cronograma por parte do pesquisador.

Uma das dificuldades mais frequentes é a ausência de uma "formação para a pesquisa" em nosso meio acadêmico, o que acarreta transtornos

nos níveis de especialização e pós-graduação, que exigem um trabalho de pesquisa rigoroso e uma disciplina intelectual que é "testada" pelo cumprimento do cronograma estabelecido no projeto de pesquisa, como nos casos de financiamento através de bolsas de pesquisa, por exemplo.

Levando isso em consideração, o pesquisador deve estabelecer um cronograma compatível com o tempo disponível para a pesquisa, deixando uma margem (5% a 10% do tempo total) para eventuais contratempos. A seguir, um exemplo de cronograma sequencial para a atividade de elaboração e aplicação de um dos instrumentos de coleta de dados – o questionário – com controle das atividades *previstas* e *realizadas* em cada segmento.

Isso vai permitir ao pesquisador visualizar, de imediato, quando um dos segmentos foi realizado antes do previsto (veja item 4 do exemplo abaixo), podendo assim remanejar o segmento seguinte e prever seu tempo de duração.

Exemplo de cronograma

Projeto_____

ETAPA II – Coleta de dados – questionário

Mês	1	1	1	1	2	2	2	2	3	3	3
Semana	1	2	3	4	1	2	3	4	1	2	3
ATIVIDADES											
1. Elaborar	▓										
questionário	░										
2. Imprimir		▓									
questionário		░									
3. Distribuir			▓								
questionário			░								
4. Recolher				▓	▓						
questionário				░							
5. Analisar						▓	▓				
questionário					░	░					
PREVISTO	▓										
REALIZADO	░										

9) Apresentação do projeto de pesquisa – Não há um consenso em torno de um "modelo" para apresentação do projeto de pesquisa, que varia de instituição para instituição, algumas (CNPq, Fapesp) com formulários próprios para que o pesquisador preencha.

No geral, a apresentação do projeto envolve os requisitos que assinalamos nos itens 1 a 8, referentes ao planejamento da pesquisa. A seguir, apresentamos duas propostas básicas, que o pesquisador pode selecionar de acordo com as exigências de sua pesquisa ou da instituição financiadora.

Modelo I – Roteiro básico para o projeto provisório da pesquisa

1) Tema ou assunto específico da pesquisa;
2) Descrição resumida do que consiste o problema a ser investigado;
3) Relação das questões que devem ser respondidas pela pesquisa (que hipóteses devem ser provadas?);
4) Indicação do levantamento inicial da bibliografia relacionada ao problema da pesquisa;
5) Indicação dos recursos metodológicos que serão utilizados para a coleta de dados (pesquisa bibliográfica, entrevistas, relatórios de estágio etc.);
6) Elaboração do plano de assunto provisório mostrando a provável estrutura do trabalho de pesquisa: divisão em capítulos, itens e subitens com as respectivas titulações;
7) Cronograma de atividades para cada etapa da pesquisa, indicando o tempo provável em que cada etapa será desenvolvida e completada.

Esse é o modelo geralmente usado nos meios acadêmicos para uma primeira apresentação do projeto ao(s) orientador(es) da pesquisa, como um *ponto de partida* para se iniciar a discussão e o encaminhamento da proposta de trabalho do pesquisador. Ele tem sido utilizado também para o planejamento dos trabalhos monográficos de conclusão de curso.

Modelo II – Projeto de pesquisa para instituições financiadoras[6]

I – Identificação geral

1) Título da pesquisa;

2) Unidade de origem;

3) Coordenador;

4) Participantes de nível técnico.

II – Plano da natureza do problema

5) Formulação do problema de pesquisa;

6) Enunciado da(s) hipótese(s);

7) Descrição do problema;

8) Introdução bibliográfica (embasamento teórico).

III – Plano dos objetivos e justificativas

9) Justificativa da pesquisa;

10) Objetivos gerais;

11) Objetivos específicos.

IV – Recursos metodológicos

12) Etapas da pesquisa (plano de assunto);

13) Estratégia de coleta de dados;

14) Instrumentos de coleta de dados.

V – Plano de custos

15) Recursos humanos;

16) Recursos econômicos.

---

6. Modelo que atende aos requisitos da maioria das instituições.

VI – Plano de prazos

17) Cronograma da pesquisa.

VII – Fundamentação teórica (apoio bibliográfico)

18) Bibliografia geral.

Outros autores e instituições apresentam diferentes modelos para a organização de projetos; em síntese, o projeto anuncia a intenção do pesquisador de desenvolver um trabalho científico sobre um tema e a forma como pretende encaminhar o trabalho. Nesse sentido, a descrição do problema e o levantamento das hipóteses constituem o núcleo do projeto, e a tais itens deve ser dada atenção especial.

ETAPA II – A coleta de dados

Elaborado, discutido e, nos casos necessários, aprovado o projeto de pesquisa, damos início à etapa da coleta dos dados necessários ao desenvolvimento da pesquisa, que tem por objetivo reunir os dados pertinentes ao problema a ser investigado.

Os principais recursos técnicos que poderemos utilizar são:

- Pesquisa bibliográfica;
- Pesquisa experimental;
- Pesquisa documental;
- Entrevistas;
- Questionários e formulários;
- Estudos de caso;
- Relatos de experiências/relatórios de estágios;
- Observação sistemática.

O pesquisador pode utilizar um desses recursos ou uma integração entre dois ou mais deles, dependendo do seu objeto de pesquisa; por exemplo, pesquisa bibliográfica complementada com entrevistas.

A coleta e o registro dos dados pertinentes ao assunto tratado é a fase decisiva da pesquisa científica, a ser realizada com o máximo de rigor e empenho do pesquisador.

1) Pesquisa bibliográfica – A pesquisa bibliográfica é fundamentada nos conhecimentos de biblioteconomia, documentação e bibliografia; sua finalidade é colocar o pesquisador em contato com o que já se produziu e registrou a respeito do seu tema de pesquisa.

"Bibliografia é o conjunto de obras derivadas sobre determinado assunto, escritas por vários autores, em épocas diversas, utilizando todas ou parte das fontes."[7]

O conceito de fonte se diferencia do de bibliografia, sendo considerado *fonte* todo material imprescindível à elaboração do trabalho de pesquisa.

O pesquisador vai aos poucos selecionando, na prática, o que é fonte em sua área de pesquisa; não é um trabalho fácil, porque muitas obras que são consideradas bibliografia em uma determinada área do saber, em outras são fontes indispensáveis à pesquisa científica.

Quanto aos dados, o pesquisador vai se deparar com dois tipos básicos: os dados que são normalmente encontrados em fontes de referência: populacionais, econômicos, geográficos, históricos etc., e os dados especializados em cada área do saber, relevantes e indispensáveis a sua pesquisa.

1.1) Identificação e localização das fontes – A *análise bibliográfica* é o primeiro momento da identificação e localização das fontes, sendo realizada a partir da consulta aos catálogos das bibliotecas.

A organização dos catálogos obedece a um sistema internacional (Dewey) que compreende três tipos de catálogo:

---

7.   Salomon (1974). Para complementação, consultar Carvalho (2015, pp. 119-145).

- Catálogo de assunto;
- Catálogo sistemático (de títulos);
- Catálogo de autor.

O catálogo de assunto (ideográfico) é constituído das fichas que indicam as obras existentes na biblioteca sobre um determinado assunto; é organizado em ordem alfabética e dá ao pesquisador a indicação do catálogo sistemático, onde se encontram relacionadas as obras da biblioteca correspondentes ao assunto da pesquisa.

Modelo da ficha do catálogo de assunto

O tema procurado é *conhecimento*.

Conhecimento – Teoria – Filosofia   120

No catálogo sistemático, o pesquisador encontra as fichas indicativas dos títulos de todas as obras referentes a um assunto, em ordem numérica, segundo a classificação do catálogo de assunto.

Modelo de ficha do catálogo sistemático

Procura-se o número 120 no catálogo.

120   120   PRADO, Caio (Júnior) – 1907-1990   p896d   Dialética do Conhecimento, 4ª edição/   São Paulo/Brasiliense/1963/2v./23cm.   Conteúdo   v. 1. Preliminares – Pré-história da dialética   v. 2: História da dialética   Lógica dialética

Quando o pesquisador já dispõe de uma bibliografia ou de uma relação dos autores de seu interesse, recorre ao catálogo de autor (onomástico), cujas fichas se encontram classificadas alfabeticamente por sobrenome.

Modelo de ficha do catálogo de autor

Procura-se PRADO.

```
                      120
120                   PRADO, Caio (Júnior) – 1907-1990
p896d                       Dialética do Conhecimento, 4ª edição/
                      São Paulo/Brasiliense/1963/2v./23cm.

                            Conteúdo
                      v. 1. Preliminares – Pré-história da dialética
                      v. 2: História da dialética
                            Lógica dialética
```

A consulta a bases de dados e bibliotecas virtuais é um recurso importante para o levantamento de informações bibliográficas, de artigos científicos e/ou identificação, via catálogo, de revistas científicas em diferentes áreas do conhecimento; Lilacs, Scielo, Dedalus, Medline, Bireme, entre outras, são auxiliares cientificamente reconhecidas para a busca eletrônica e permitem acesso livre ao conteúdo de artigos, dissertações e teses.

O pesquisador pode recorrer ainda ao exame dos índices de periódicos de entidades nacionais e internacionais, que facilitam a localização de artigos sobre assuntos específicos.[8]

---

8. No nível internacional pode-se recorrer à internet ou à rede Bitnet (Because It's Network Time) que interligam universidades e institutos de pesquisa e fornecem informações que cobrem as várias áreas do conhecimento, geralmente operacionalizadas através do SBI (Sistema de Bibliotecas e Informação).

Os catálogos fornecidos pelas editoras também podem ser consultados, com a finalidade de averiguar se há novos títulos publicados, que interessem ao pesquisador.

Podem ser úteis as consultas aos *abstracts*/resumos que são normalmente encontrados em periódicos ou revistas científicas, logo após os artigos ou em seções especializadas em resenhas bibliográficas; os anais de congressos também podem auxiliar na identificação de trabalhos de pesquisa, concluídos ou em andamento, sobre o tema que está sendo pesquisado.[9]

1.2) Registro dos dados coletados: Documentação – A documentação pessoal deve ser constante, e não realizada apenas para satisfazer as exigências de um projeto. Cada pesquisador, ao longo de sua formação, já elabora, desde a graduação, uma documentação, quer para manter-se atualizado em sua área de especialização, quer para atender a projetos futuros.

O objetivo geral da documentação é guardar documentos úteis retirados de fontes perecíveis que vão servir de base para documentação bibliográfica ou temática (recortes de jornal, apostilas, xerox de textos etc.).

No caso do projeto de pesquisa, o registro deve obedecer a uma estratégia de procedimentos, a fim de que sejam selecionados os dados realmente significativos, evitando a coleta de dados periféricos. Deve-se dar atenção aos seguintes pontos:

- Centralização no problema levantado;
- Classificação preliminar dos dados com relação ao plano de assunto da pesquisa;
- Tomar notas só depois de ter lido criticamente todo o texto.

---

9. Chizzotti (2006) reúne ampla bibliografia sobre obras de orientação metodológica, obras de referência e centros de documentação, que podem auxiliar o pesquisador nesta etapa da pesquisa.

A documentação correta das fontes pesquisadas possibilita ao pesquisador o acesso, a qualquer momento, à fonte original.

Posteriormente, na elaboração do relatório da pesquisa, as citações e referências serão corretamente anotadas.

1.2.1) O registro em fichas/*pen-drives*/CD-ROM/DVD – É usual entre os pesquisadores a elaboração de um "banco de dados", onde são anotados aqueles que deverão auxiliar o desenvolvimento da pesquisa.

Não é necessário que se façam longas transcrições de obras, principalmente se o acesso a elas está garantido; o importante é transcrever os dados que sejam exatos e úteis à solução do problema levantado.

Importante também é registrar qualquer ideia crítica ou conjectura pessoal, que surge no decorrer das leituras, para posterior verificação/reflexão.

A estrutura básica do registro deve atender aos seguintes itens:

a) Cabeçalho bem-definido, localizando o conteúdo dentro de um sistema de classificação ou plano de assunto;

b) Referência bibliográfica, citando com precisão a fonte de onde a informação foi retirada, segundo as normas da Associação Brasileira de Normas Técnicas (ABNT);

c) Resumos do pensamento original do autor e se necessário usar citações literais – citações formais;

d) Comentários pessoais do texto analisado são imprescindíveis, quando se quer superar o nível dos estudos exploratórios.

A característica fundamental do registro é que ele deve indicar *precisamente* a ideia exposta pelo autor pesquisado; o registro deve ser claro e completo, formando uma unidade em si, para que possa ser consultado com segurança.

Não existem normas rígidas para a elaboração do fichário.

A título de exemplo, damos a seguir algumas possibilidades de registros para coleta de dados com base na bibliografia:

a) *Ficha sumário de toda a obra*: quando elaboramos uma síntese do conteúdo de um livro, uma visão global que nos permita identificar sua relação com a pesquisa e seu interesse para futuras consultas;

b) *Ficha sumário de parte de uma obra*: quando registramos a síntese de um capítulo ou parte de uma obra, com o objetivo de registrar somente o conteúdo que está diretamente ligado ao tema que está sendo pesquisado;

c) *Ficha tipo citação formal*: quando registramos citações literais, para serem posteriormente incluídas na redação final do trabalho de pesquisa; deve-se colocar a citação entre aspas e anotar a(s) página(s) onde se encontra no texto original;

d) *Ficha tipo citação de artigo de periódico*: quando registramos citações literais de artigos, usando-se o mesmo procedimento citado no item anterior;

e) *Ficha de bibliografia consultada*: devemos registrar, se possível por assunto e sempre observando as normas da ABNT, as obras consultadas nesta etapa da pesquisa; esse procedimento facilitará a organização da bibliografia final e também será importante para consulta em futuras pesquisas.

Os dados coletados devem ter suas fontes corretamente citadas no relatório de pesquisa, evitando-se problemas de uso indevido de material, que caracteriza uma violação das normas nacionais e internacionais de direitos autorais. Alguns autores e editoras têm um controle rígido dos termos de *copyright* dos seus livros, exigindo a solicitação de permissão para uso dos materiais citados, o que deve ser feito, quando necessário.

Quando os dados da pesquisa forem coletados pela internet, deve-se redobrar os cuidados com os registros das fontes pesquisadas, para que não ocorra apropriação de ideias/informações de outros pesquisadores de forma anônima, isto é, sem a devida citação da fonte; a mesma observação vale para a troca de experiências com outros pesquisadores por *e-mail*, listas de discussão ou grupos de estudo.[10]

É importante levar em consideração que no Brasil a lei n. 9.610/98 regulamenta a questão dos direitos autorais, abrangendo também esses direitos nas bibliotecas virtuais e nos casos de patentes e licenciamentos de tecnologia.

2) Pesquisa experimental – A pesquisa experimental busca relações entre fatos sociais ou fenômenos físicos através da identificação e manipulação das variáveis que determinam a relação causa-efeito (estímulo-resposta) proposta na hipótese de trabalho. A verificabilidade, bem como a quantificação dos resultados, são elementos essenciais a este tipo de pesquisa; os termos *pesquisa de laboratório* e *pesquisa de campo* servem para designar o local onde elas se desenvolvem, a partir de sua característica básica, que é o controle de variáveis com base no referencial teórico de cada área do conhecimento.

A pesquisa de laboratório exige instrumental específico e ambiente adequado para se analisarem/comprovarem hipóteses pela experimentação e pelo controle das variáveis.

A pesquisa de campo tem as mesmas exigências no âmbito da ciência, não envolvendo a experimentação propriamente dita.

No geral, a pesquisa experimental exige um momento prévio de busca bibliográfica, para se contextualizar o problema, verificar a existência de outras pesquisas na área, e estabelecer as bases teóricas de referência para identificação das variáveis e técnicas de controle que permitam provar ou testar as hipóteses levantadas. Cabe destacar que a variável é um *valor* ou uma *propriedade* (característica) que pode ser

---

10. Para orientações detalhadas sobre a internet como fonte de pesquisa bibliográfica, ver Andrade (2002, pp. 143-156); ver também ABNT, NBR 6023/2002.

medida através de diferentes mecanismos operacionais, que verificarão a relação/conexão entre essas características ou fatores.

O princípio geral deste tipo de pesquisa é que nas mesmas circunstâncias as mesmas causas produzem os mesmos efeitos, a partir do pressuposto de que as "leis da natureza são fixas e constantes". Esquematizando:

O controle é estabelecido de tal forma que se possa atribuir o resultado à variável independente e não a outra qualquer; esse controle caracteriza a *manipulação das variáveis* – controle dos fatores de que é constituído um fenômeno.

O pesquisador vai encontrar inúmeros problemas no controle das variáveis; a *variável independente* (fator causal) é aquela que o pesquisador toma como básica e procura verificar seu efeito. Deve estar atento para o fato de que outros fatores podem estar interferindo no efeito (resposta) sem que se tenha um meio de identificá-los ou recursos adequados para o controle. Como a variável independente, em tese, não é manipulada, muitas vezes não é controlada pelo pesquisador, o que pode originar problemas quanto à fidedignidade dos resultados da pesquisa.

A *variável dependente* ocorre sempre em função da variável independente, o que exige um controle rigoroso dos instrumentos de mensuração e da manipulação dos dados obtidos; podem ocorrer casos de modificação da variável dependente, sem que haja uma modificação na variável independente; ao(s) fator(es) que origina(m) tal tipo de modificação, chamamos de *variável interveniente*.

Não podemos fixar um único procedimento para a pesquisa experimental, pelas suas próprias características. Apresentaremos a seguir uma *sugestão de roteiro* para pesquisa experimental, que contempla de forma ampla as exigências acadêmicas:[11]

a) Identificação e definição do problema;

b) Levantamento bibliográfico e revisão da literatura;

c) Formulação de hipóteses;

d) Delineamento (*design*) da pesquisa: sequência metodológica da investigação, com a descrição dos grupos experimental e de controle, tipo de seleção, especificação das variáveis, descrição dos instrumentos (amostra, aparelhagem, questionários, tratamento estatístico etc.);

e) Apresentação e discussão dos resultados: descrição, gráficos, tabelas, esquemas etc.;

f) Conclusão(ões);

g) Editoração final para divulgação, de acordo com as normas da ABNT.

Seguir à risca um roteiro não garante, em si, que não ocorram "desvios" nos resultados da pesquisa. Para evitar isso, o pesquisador pode adotar como procedimento inicial realizar um *estudo-piloto*, a fim de verificar quais os problemas de campo relevantes e quais as variáveis importantes que deve levar em consideração.

---

11. Ver roteiros detalhados em Gil (2008).

Os resultados preliminares de um estudo-piloto ajudam a delimitar o número de variáveis e a possibilidade de ocorrência de variáveis intervenientes.

Muitos autores têm chamado a atenção para o papel do pesquisador como uma "variável" importante no processo; de fato, o quadro teórico de referência do pesquisador, sua inserção cultural ou os instrumentos escolhidos para análise podem influir nos resultados da pesquisa. Para contornar essa possibilidade é que a ciência experimental padronizou técnicas para selecionar, observar e registrar os dados.

Os planos de verificação da hipótese não "eliminam" o pesquisador como "variável", mas reduzem seu efeito para os limites razoáveis, mensuráveis.

2.1) Planos de verificação da hipótese (baseado em Goode e Hatt 1975) – A pesquisa experimental utiliza os seguintes planos clássicos para verificação da relação causal:

- Método de concordância: "Se vários casos do mesmo fenômeno só têm *um* antecedente comum, este é a causa do fenômeno", como mostra o esquema a seguir:

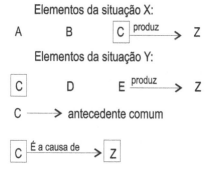

- Método da diferença: "Se um caso em que o fenômeno se produz e outro que não se produz têm todos os antecedentes comuns, exceto um, este antecedente é a causa do fenômeno" (concordância negativa).

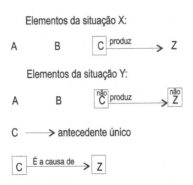

Pode-se recorrer ainda ao método das variações concomitantes, que consiste em fazer variar a intensidade da suposta causa, para ver se o fenômeno varia no mesmo sentido e proporção.

Os planos clássicos de verificação da relação causal apresentam limites, como mostra o Quadro IV.

Quadro IV – Limites da relação causal clássica

LIMITES	CONSEQUÊNCIAS
1) C é a causa de Z ? (ou se) 2) Z é a causa de C	Esta relação pode não ser clara – pode invalidar a pesquisa.
3) C e Z são ambos causados por uma variável desconhecida. 4) A e B também podem ser a causa de Z, mas isso é encoberto por fatores desconhecidos. 5) C pode causar Z mas somente na presença de outros fatores (desconhecidos).	Estas possibilidades nunca podem ser afastadas com certeza absoluta. Podem ser reduzidas com uma teoria adequada e amostragem fidedigna.
6) C não causa Z porque é uma ocorrência acidental.	Pode ser estatisticamente eliminada.

De fato, o conceito de causalidade é complexo e tem passado por modificações ao longo do processo de desenvolvimento da ciência.[12]

---

12. Heitor Matallo Junior e M. Cecília M. de Carvalho estabelecem discussão a respeito em Carvalho (org.) (2015, cap. I a IV); ver também Gewandsznajder (1989).

As técnicas estatísticas desenvolveram e sofisticaram medidas de investigação experimental, na busca de meios que possam tornar a verificação fidedigna.

As medidas estatísticas mais utilizadas são:[13]

a) Medidas de tendência central: média aritmética da série, média aritmética da distribuição de frequência, mediana da série, e outras;

b) Medidas de variabilidade: desvio simples, desvio padrão da série, desvio da distribuição de frequência, variância, e outras;

c) Curva normal de probabilidade;

d) Correlação linear: entre séries ou grupos;

e) Técnicas de escalonamento: distância social, escalas sociométricas, e outras;

f) Amostragem.

Nos limites deste texto, temos interesse em desenvolver algumas considerações sobre amostragem.

A amostra é a representação menor de um todo maior, a fim de que o pesquisador possa analisar um dado *universo*; a amostra *representa* o todo. Nesse sentido, a definição do universo (ou população) e do que é sua amostra representativa é a base do plano de verificação – a amostra deve ser representativa para que os resultados sejam considerados legítimos.

Utilizamos as técnicas de amostragem quando queremos estender ao universo as características encontradas, através do processo de generalização e/ou predição. O pesquisador lança mão dos recursos da inferência estatística para generalizar para o todo os resultados obtidos na amostragem.

---

13. Para complementação técnica, consulte Spiegel (1976) e Lakatos e Marconi (2008).

As técnicas de amostragem são frequentemente utilizadas nos chamados estudos de conjuntos (*surveys*), como inquéritos sociais, pesquisas de opinião, enquetes, pesquisas eleitorais etc.

O pesquisador deve organizar um plano de amostragem que possa garantir a representatividade e significância das amostras, bem como os limites de exatidão (margem de erro) que a pesquisa comporta. O recurso a um especialista em estatística é frequentemente utilizado pelos pesquisadores, para rever critérios da amostragem, discutir os critérios de classificação e codificação dos dados, as operações de tabulação e outros.

As principais técnicas de amostragem são a amostra ao acaso e a amostra estratificada, porque são consideradas de alto grau de confiabilidade para a inferência estatística.

Na técnica de *amostra ao acaso,* também denominada seleção aleatória simples, as unidades do universo devem ser "arranjadas" de maneira que o processo de seleção dê uma igual probabilidade de seleção para cada unidade do universo.

Pode ser realizada por:

- Acaso ou sorteio;
- Lista de intervalos regulares;
- Tabelas randômicas (tabela de números aleatórios) ou escalas etc. (obs.: *random*, em inglês, acaso, aleatório).

A *amostra estratificada*, também denominada seleção aleatória estratificada, inclui o acaso, mas busca melhorar a representatividade, quando o universo é heterogêneo ou multiforme e requer amostras compactas, como subgrupos, "estratos". Neste caso o pesquisador deve determinar a proporção adequada de cada estrato em relação à amostra total, para em seguida efetuar a amostra ao acaso (seleção aleatória simples).

Outra possibilidade de amostragem se encontra nos estudos longitudinais (coorte), que visam analisar as variações nas características dos mesmos elementos amostrais (ou mesmo grupo de sujeitos) ao longo de um período de tempo, como, por exemplo, o impacto de políticas de saúde em determinados grupos sociais, o acompanhamento sistemático da produção dos alunos de um curso de graduação, em determinado intervalo de tempo (Pádua 2008a); embora não muito frequentes na graduação, os estudos longitudinais se apresentam como possibilidades de pesquisa, em especial quando o projeto pedagógico do curso prevê três ou mais semestres dedicados à elaboração do trabalho de conclusão.

As técnicas de amostragem também apresentam limites, como mostra o Quadro a seguir.

Quadro V – Limites da Amostragem

LIMITES	CONSEQUÊNCIAS
1) Não cumprir as exigências básicas da representatividade e da proporcionalidade.	Não há possibilidade de estender os resultados ao universo pretendido; invalida a pesquisa.
2) Não considerar a frequência da ocorrência de um determinado fato, em relação à frequência da não ocorrência.	Pode ser estatisticamente eliminada.
3) Definição inadequada do universo.	Pode ser estatisticamente eliminada (redefinição do universo).
4) Amostra viciada na fase operacional.	Requer revisão dos procedimentos da amostragem.
5) O critério para a divisão em categorias (homogêneas ou não) não estar relacionado com a variável que está sendo estudada.	Caracteriza um desvio em relação aos objetivos da pesquisa; requer revisão dos procedimentos da amostragem tomando por base a hipótese a ser verificada.

3) Pesquisa documental – É aquela realizada a partir de documentos, contemporâneos ou retrospectivos, considerados cientificamente autênticos (não fraudados); tem sido largamente utilizada nas ciências sociais, na investigação histórica, a fim de descrever/comparar fatos sociais, estabelecendo suas características ou tendências; além das fontes primárias, os documentos propriamente ditos, utilizam-se as fontes chamadas secundárias, como dados estatísticos, elaborados por institutos especializados e considerados confiáveis para a realização da pesquisa.

Se admitimos um conceito mais amplo para documento – "é toda base de conhecimento fixado materialmente e suscetível de ser utilizado para *consulta, estudo* ou *prova*" –, como citamos anteriormente, ou ainda o sentido em que se toma a palavra desde sua origem latina – "*documentum*: aquilo que *ensina* ou *serve de exemplo* ou *prova*", alargamos também a amplitude da pesquisa documental para além das ciências sociais e da investigação histórica.

O desenvolvimento da pesquisa através de documentos nos remete novamente à discussão das *fontes* que o pesquisador pretende utilizar: deve-se fazer uma distinção clara entre as fontes e a literatura crítica existente sobre um determinado tema. Tomando o exemplo de Eco (1983, cap. 3), uma pesquisa sobre o pensamento econômico de Adam Smith terá como *documentos* (fontes primárias) os livros escritos pelo autor, enquanto a literatura crítica (fontes secundárias) seria constituída dos textos escritos sobre o pensamento daquele autor.

Fontes que não existem na forma de textos escritos podem ser consideradas documentos para a pesquisa (fotos, filmes, audiovisuais) nos casos em que se necessita documentar um processo de desenvolvimento, mudanças de comportamento, crescimento e outros.

O pesquisador pode recorrer, por exemplo, a documentos de referência das associações de profissionais (caso do "perfil do profissional" em cada área do saber), a documentos (resoluções) do próprio Ministério da Educação para regulamentação das diretrizes curriculares dos cursos de graduação no Brasil, a prontuário de paciente (respeitando as convenções éticas) como documento básico para um estudo de caso, a anuários estatísticos (IBGE) e outros. O fundamental nesses casos é que o pesquisador tenha certeza da autenticidade desses documentos e cite corretamente em sua pesquisa a fonte de coleta dos seus dados.

4) Entrevistas – As entrevistas constituem uma técnica alternativa para coletar dados não documentados, sobre um determinado tema. Deve-se levar em consideração que a entrevista tem suas limitações; dependendo da técnica a ser adotada, os entrevistados podem não dar

as informações de modo preciso ou o entrevistador pode avaliar/julgar/ interpretar de forma distorcida as informações obtidas.

Por outro lado, a entrevista, como um dos procedimentos mais usados em pesquisa de campo, tem suas vantagens como meio de coleta de dados: possibilita que os dados sejam analisados quantitativa e qualitativamente, pode ser utilizada com qualquer segmento da população (inclusive analfabetos) e se constitui como técnica muito eficiente para obtenção de dados referentes ao comportamento humano.

Podem ser usadas as seguintes técnicas:

- Entrevista pessoal/formal/estruturada
  Esquema de entrevista estruturada (padronizada) quando o entrevistador usa um esquema de questões sobre um determinado tema, a partir de um roteiro (pauta), previamente preparado.
- Entrevista semiestruturada
  O pesquisador organiza um conjunto de questões sobre o tema que está sendo estudado, mas permite, e às vezes até incentiva, que o entrevistado fale livremente sobre assuntos que vão surgindo como desdobramentos do tema principal.
- Entrevista livre-narrativa
  Também denominada não diretiva; o entrevistado é solicitado a falar livremente a respeito do tema pesquisado.
- Entrevista orientada
  O entrevistador focaliza sua atenção sobre uma experiência dada e os seus efeitos – isso quer dizer que sabe por antecipação os tópicos ou informações que deseja obter com a entrevista.
- Entrevista de grupo
  Pequenos grupos de entrevistados respondem simultaneamente às questões, de maneira informal. As respostas são organizadas posteriormente pelo entrevistador, numa avaliação global.

- Entrevista informal
  É geralmente utilizada em estudos exploratórios, a fim de possibilitar ao pesquisador um conhecimento mais aprofundado da temática que está sendo investigada. Pode fornecer pistas para o encaminhamento da pesquisa, seleção de outros informantes, ou mesmo a revisão das hipóteses inicialmente levantadas.

As entrevistas podem ser anotadas ou gravadas e depois transcritas.

Quando utilizadas para comprovação de dados ou complementação de trabalhos acadêmicos, devem figurar como anexo ao trabalho de pesquisa, devidamente autorizadas pelos entrevistados.

O número suficiente de entrevistados vai depender da variabilidade das informações a serem obtidas. As entrevistas formais podem ser utilizadas na pesquisa de campo, com um grande número de pesquisados ou a partir de uma amostragem representativa do todo. Nesse caso, geralmente se trabalha com questões padronizadas, que possibilitem quantificação e análise estatística dos dados.

Deve-se padronizar o cabeçalho das entrevistas, que conterá as informações necessárias para a identificação do entrevistado; segue-se o roteiro das questões, com as respectivas respostas.

O *roteiro* da entrevista é uma lista dos tópicos que o entrevistador deve seguir durante a entrevista. Isso permite uma flexibilidade quanto à ordem ao propor as questões, originando uma variedade de respostas ou mesmo outras questões.

Na elaboração do roteiro devem-se levar em consideração os seguintes itens:

- A distribuição do tempo para cada área ou assunto;
- A formulação de perguntas cujas respostas possam ser descritivas e analíticas, para evitar respostas dicotômicas (sim/não);
- Atenção para manter o controle dos objetivos a serem atingidos, para evitar que o entrevistado extrapole o tema proposto.

Deve-se marcar com antecedência o horário e o local da entrevista. Nos casos em que o entrevistador não esteja gravando, anotar todas as questões que surgirem no decorrer da entrevista, para completar o roteiro inicial.

Por meio das entrevistas são coletados dados importantes para a análise qualitativa, que pode ser realizada com as técnicas de análise de conteúdo e análise de discurso (Pádua 2002); quando o pesquisador não tem um domínio razoável dessa técnica, pode solicitar o auxílio de especialistas em linguística.

5) Questionários e formulários – Os *questionários* são instrumento de coleta de dados que são preenchidos pelos informantes, sem a presença do pesquisador.

Deve-se ter o cuidado de limitar o questionário em sua extensão e finalidade, a fim de que possa ser respondido num curto período de tempo, com o limite máximo de trinta minutos.

Na elaboração do questionário é importante determinar quais são as questões mais relevantes a serem propostas, relacionando cada item à pesquisa que está sendo feita e à hipótese que se quer demonstrar/provar/verificar. Isso significa que o pesquisador deve elaborar o questionário somente a partir do momento em que tem um conhecimento razoável do tema proposto para pesquisa.

Quando o número de pessoas selecionadas para responder ao questionário é muito grande, ou muitas não residem no local da pesquisa, pode-se enviar pelo correio. Nesse caso, é indispensável uma carta de apresentação, que deve conter indicações sobre:

- Qual a finalidade do estudo;
- Como preencher o questionário;
- Se há ou não necessidade de identificação pessoal – nos casos necessários, garantir o anonimato;
- Como devolver o questionário preenchido.

Formulário é o nome geralmente usado para designar uma coleção de questões que são perguntadas e anotadas por um entrevistador, numa situação *face a face* com o entrevistado.

Tanto o questionário quanto o formulário, por se constituírem de perguntas fechadas, padronizadas, são instrumentos de pesquisa mais adequados à quantificação, porque são mais fáceis de codificar e tabular, propiciando comparações com outros dados relacionados ao tema pesquisado. As perguntas devem ser ordenadas, das mais simples às mais complexas; vale lembrar que as perguntas devem referir-se a uma ideia de cada vez e possibilitar uma única interpretação, sempre respeitando o nível de conhecimento dos informantes.

Para a aplicação do formulário e do questionário, pode-se fazer um pré-teste, a fim de se verificar as dificuldades do aplicador, as dificuldades de entendimento das questões, e proceder a uma cronometragem para verificação do tempo médio gasto em cada aplicação, que deve ser em média de trinta minutos.

Como nas entrevistas, deve-se padronizar o cabeçalho dos questionários e formulários, que deverão conter dados que identifiquem o informante (sexo, idade, estado civil, profissão, data da aplicação), seguidos dos dados da pesquisa propriamente dita.

A utilização de questionários e formulários na pesquisa quantitativa visa, principalmente, classificar as informações dos respondentes conforme o grau de acordo ou desacordo com as questões propostas, a partir de critérios de importância (Appolinário 2004).

São organizadas escalas, que podem ser contínuas ou de múltiplos itens, destinadas a mensurar a intensidade ou a qualidade de atitudes e/ou opiniões dos respondentes.

A escala Likert (concordo totalmente, concordo parcialmente, nem concordo nem discordo, discordo parcialmente, discordo totalmente), a escala comparativa (muito superior, superior, igual, inferior, muito inferior), a escala de opinião (ótimo, bom, regular, ruim, péssimo) e a escala pictórica (de expressões faciais) são as mais utilizadas na graduação e na especialização.

Cabe aqui uma observação quanto à elaboração dos questionários e formulários a partir do princípio de que são instrumentos de coleta de dados construídos a partir de perguntas *fechadas*, visando à quantificação de resultados.

Este princípio não se configura tão rígido que o pesquisador não possa, em hipótese alguma, incluir perguntas *abertas* quando elabora seu questionário, caso seja de seu interesse. As perguntas *abertas*, por exigirem uma resposta pessoal, espontânea, do informante, trazem dados importantes para uma análise qualitativa, pois as alternativas de respostas não são todas previstas, como no caso das perguntas fechadas. A opção de incluir perguntas *abertas* em questionários ou formulários pode ficar a critério do pesquisador, dependendo do tema e do objeto de estudo.

O próprio pesquisador, ou um especialista em análise de discurso, pode realizar a análise qualitativa das questões abertas.

6) Estudos de caso – Considerado como um tipo de análise qualitativa, o estudo de caso pode complementar a coleta de dados em trabalhos acadêmicos, ou constituir, em si, um trabalho monográfico.[14]

Segundo Goode e Hatt (1975, p. 422),

> é uma abordagem que considera qualquer unidade social como um todo. Quase sempre esta abordagem inclui o *desenvolvimento* dessa unidade, que pode ser uma pessoa, uma família ou outro grupo social, um conjunto de relações ou processos (como crises familiares, ajustamento à doença, formação de amizade, invasão étnica de uma vizinhança etc.) ou mesmo toda uma cultura.

Deve-se ter sempre em mente que a totalidade de qualquer objeto, quer físico, biológico ou social, é uma construção intelectual, uma vez que não dispomos de meios concretos para definir precisamente esses limites. O estudo de caso não pode ser considerado uma técnica que realiza a análise do indivíduo em toda sua unicidade, mas é uma tentativa

---

14. Ver Pádua (2014, pp. 77-102).

de abranger as características mais importantes do tema que se está pesquisando, bem como seu processo de desenvolvimento.

Mesmo se considerando que o pesquisador, ao se propor desenvolver sua investigação através do estudo de caso, já parta de alguns pressupostos teóricos, o caso propriamente dito se constrói no processo de pesquisa, à medida que se identificam os múltiplos fatores que concorrem para sua configuração.

Nesse sentido, essa técnica é flexível, podendo o pesquisador passar do contexto meramente descritivo para o contexto interpretativo ou heurístico, à medida que sua pesquisa avance.

Como em outras técnicas em que há intervenção direta do pesquisador, no estudo de caso corre-se o risco de distorção dos dados apresentados, risco que aumenta à medida que o pesquisador se aprofunda no processo ou "conhece bem" a pessoa ou situação estudada, podendo ocorrer um envolvimento emocional, nem sempre desejável. Como consequência, poderá ocorrer um afastamento do plano original da pesquisa e os dados coletados passam a ser baseados somente na "intuição" do pesquisador, o que deve ser evitado.

Por outro lado, quando se vai investigar um caso como parte da própria formação acadêmica do pesquisador, ao mesmo tempo que possibilita um conhecimento mais global do contexto, transforma-se em um novo momento de aprendizagem, o que torna mais dinâmico, rico e desafiador o processo de pesquisa.

Os estudos de caso podem ser feitos através do *diário de pesquisa* ou da *história de vida* do indivíduo, do grupo ou de um dado processo social.

O *diário de pesquisa* é o registro cotidiano dos acontecimentos observados: manifestações de comportamento, mudanças decorrentes de medicamentos ministrados, conversas, atividades desenvolvidas, rotinas diárias em instituições, escolas etc.

Além de fazer parte do acervo de dados a serem utilizados para análise final, o diário de pesquisa é um importante elemento de orientação do trabalho científico, permitindo uma retrospectiva do trabalho já realizado. Pode ainda fornecer novos elementos para análise de aspectos que não tinham sido levados em conta na pesquisa ou mesmo para exploração de novos recursos que não haviam sido considerados.

As observações devem ser criteriosamente registradas em fichas/CDs, em ordem cronológica, a fim de que possibilitem a "reconstrução" do caso. Quanto mais sistematizados e detalhados forem os registros, mais subsídios o diário de pesquisa oferecerá à descrição do caso, contribuindo também para sua análise e interpretação.

As *histórias de vida* também são documentos íntimos, registrados pelo pesquisador ou pelo próprio informante em diários, cartas, alguns tipos de trabalhos literários, material expressivo, conversas ou entrevistas.

Constituem um material que deve ser complementado e comparado com outras fontes, como atestados médicos, resultados de exames psicológicos, outros depoimentos de pessoas ligadas ao pesquisado, documentos oficiais, em função do caráter subjetivo que envolve esse tipo de técnica. Deve-se procurar obter informações tão reveladoras e espontâneas quanto possível, com mínima influência do pesquisador.

Segundo Burgess (*apud* Nogueira 1977, p. 143), a validade das informações contidas numa história de vida depende das seguintes condições:

- ser um documento escrito nas próprias palavras do pesquisado, isto é, uma autobiografia ou o registro textual de uma narração oral;
- um documento que represente uma expressão livre, espontânea e detalhada das experiências passadas, das aspirações presentes e dos planos para o futuro;
- um documento assegurado numa situação favorável, em que as tendências ao engano ou ao preconceito sejam eliminadas ou reduzidas ao mínimo.

Os "documentos" obtidos devem ser arquivados em ordem cronológica e separados individualmente, no caso de vários sujeitos pesquisados. Podem também ser anexados aos trabalhos acadêmicos, para complementação/comprovação/ilustração dos dados citados no decorrer do trabalho de pesquisa.

Quando o estudo de caso se refere a instituições específicas, por exemplo – uma escola, um hospital, um centro de saúde, uma universidade –, no momento da caracterização do caso podemos recorrer aos registros institucionais disponíveis, como atas, regimentos, *folders*, jornais de circulação interna e outros. Se necessário, esse material também pode ser anexado ao trabalho de pesquisa, no todo ou em parte, a título de complementação ou comprovação dos dados coletados.

Devemos lembrar ainda que as técnicas de estudo de caso podem ser aplicadas a qualquer tempo e a qualquer pessoa, família ou grupo, já que os critérios de "normalidade" ou "anormalidade" dos sujeitos pesquisados não interferem na técnica proposta.

Biografias e autobiografias também podem ser consideradas como fontes para coleta de dados e aproveitadas em estudos de casos.

7) Relatos de experiências/relatórios de estágios – Relatos de experiências vividas pelo pesquisador ou relatórios de estágios acadêmicos ou institucionais podem ser úteis para a pesquisa e muitas vezes significar o único recurso para coleta de dados, principalmente nas áreas onde o saber científico está se estruturando.

A própria visão do significado dos relatos e relatórios para a pesquisa científica tem sido discutida nos meios acadêmicos; de modo geral, podemos identificar duas posturas com relação a tais instrumentos de estudo (Porzecanski 1974, pp. 57-73; trad. nossa):

- A tradicional, que considera como sua função primordial relatar, narrar, contar os acontecimentos de uma dada intervenção no real, como se pudesse "espelhar" a realidade, um fiel registro do que se passou, que "reflete" mas não procura repensar a realidade;
- A contemporânea ou moderna, que entende que os relatos cumprem funções específicas, com o objetivo de transferir

um segmento da realidade para um contexto de interpretação científica, com seus dados sendo considerados como pontos de partida para o próprio conhecimento de dada realidade, a partir de seu processo.

Nessa concepção processual, as funções específicas dos relatos/ relatórios podem ser compreendidas dentro de três níveis, ou seja, da teoria, da prática profissional e do método:

Funções específicas dentro da teoria:

- Permite interpretar a situação real com base no conhecimento científico, com a finalidade de elaborar/revisar constantemente a teoria;
- Pode garantir o conhecimento real e objetivo da ação profissional, e da situação;
- Permite relacionar a teoria a uma situação concreta. O relatório de estágio é a "primeira unidade teórico-prática" do trabalho profissional;
- Pelas razões anteriores, permite criar, muitas vezes, uma teoria específica.

Funções específicas dentro da prática profissional:

- Permite uma prática profissional eficaz, em vista das programações anteriores e futuras que surgem do próprio relatório;
- Através da relação entre os vários relatórios elaborados, possibilita a planificação da intervenção profissional prolongada e coerente, deixando de lado possíveis motivações individuais (emocionais);
- Permite relacionar a prática imediata com a teoria, sem generalizar a primeira nem distorcer a segunda;

- Permite discutir os princípios éticos que regem a prática profissional.

Funções específicas com relação ao método:

- Permite passar da "aparência" à "essência" da situação;
- Permite ao profissional colocar-se no próprio centro da situação real e ao mesmo tempo ser objetivo, não se limitando a uma postura "contemplativa" da realidade;
- Verificar constantemente o conhecimento científico e a eficácia das ações profissionais;
- Introduzir os pontos de vista de outras áreas do conhecimento (psicologia, antropologia, sociologia, medicina etc.), o relatório é um marco de interpretação científica global, tem um caráter interdisciplinar.

Analisando-se essas funções que os relatos de experiências e/ou relatórios de estágios podem abranger, constatamos que podem oferecer ao pesquisador muitos dados significativos para a compreensão da realidade e, em muitos casos, oferecer elementos para um redimensionamento do projeto de pesquisa.

No caso de os relatos ou relatórios serem utilizados como documentos ou fonte de coleta, recomenda-se que sejam anexados ao relatório de pesquisa.

8) Observação sistemática – Nosso conhecimento do mundo físico e do mundo social se realiza a partir da observação espontânea, informal ou assistemática; registramos os fatos observados a partir de nossa experiência, cultura, visão de mundo, tentando buscar uma explicação para a realidade e as relações entre os fenômenos que a compõem.

Quando falamos na observação como fonte de dados para a pesquisa, queremos dizer que a partir do momento em que o pesquisador se interessa pelo estudo de um dado aspecto da realidade, a observação espontânea deve ser verificada através da observação sistemática, para que se elabore então o conhecimento científico, daquele aspecto do real que se quer conhecer. É também denominada observação estruturada ou controlada, podendo ocorrer em situações de campo ou de laboratório.

Nesse sentido, a observação sistemática é seletiva, porque o pesquisador vai observar uma parte da realidade, natural ou social, a partir de sua proposta de trabalho e das próprias relações que se estabelecem entre os fatos reais; deve-se estabelecer, antecipadamente, as categorias necessárias à análise da situação.

Na observação sistemática pode-se recorrer ao uso de roteiros previamente elaborados, para se obter um registro padronizado das observações feitas, conforme exemplo de roteiro em "Anexo". Esse registro pode ser ainda complementado com fotos, filmes, *slides*.

Lembramos que os fatos a serem observados devem estar delimitados pelo plano da pesquisa, mas fatos que o pesquisador considera significativos podem ser registrados para posterior codificação e análise; muitas vezes, esses fatos novos podem dar origem a novas pesquisas.

Deve-se também levar em consideração se a "situação" a ser observada será natural, quando os registros são feitos sem que os observados percebam, ou idealizada, quando o observador interfere e cria situações novas, com ou sem a consciência dos observados.

Como este recurso metodológico é bastante utilizado na pesquisa qualitativa, não há possibilidade de se prever, com exatidão, o tempo necessário para se observar de forma sistemática uma comunidade, um grupo social, um paciente...; no entanto, no momento em que planejamos a pesquisa, já devemos estabelecer alguns limites de tempo para a observação sistemática, compatíveis com o cronograma geral da pesquisa.

O observador, por ser um mediador entre a situação real e os dados registrados, pode influir nos resultados da pesquisa. Por isso, é importante notar que se deve recorrer ao uso de técnicas de observação quando já existem vários dados disponíveis sobre a hipótese levantada. Queremos frisar que a observação não é "pura", não é um fenômeno passivo, mas um processo ativo e seletivo, porque é precedida pelas hipóteses levantadas pelo pesquisador a partir de sua bagagem teórica, de seus interesses, objetivos e de suas expectativas com relação à realidade que está sendo investigada.[15]

Cabe ainda enfatizar que, além das questões dos direitos autorais, a preocupação com a conduta ética deve estar sempre presente, independentemente de quais recursos metodológicos estarão sendo utilizados para a coleta de dados, mesmo que a natureza da pesquisa não seja experimental.

Pesquisas com segmentos populacionais em situação social e pessoal de risco, como crianças, adolescentes, idosos, famílias, minorias, analfabetos e outros, devem ter, em qualquer caso, seus instrumentos de coleta de dados aprovados pelo orientador da pesquisa e/ou pelas instituições onde serão aplicadas.

No caso das pesquisas realizadas na graduação, as orientações sobre as condutas éticas diferem nas instituições de ensino superior. No entanto, *no contexto da aprendizagem*, mesmo que não estejam sujeitas à avaliação pelo Comitê de Ética em Pesquisa, é importante que os alunos conheçam as diretrizes e normas para a pesquisa com seres humanos e as exigências para sua realização, como protocolos, modelos de autorização para pesquisa e modelos de consentimento para uso e divulgação de dados de respondentes ou entrevistados.

Nas pesquisas com os segmentos acima referidos, toda situação de pesquisa se configura como uma situação de interferência, quer seja na instituição, quer seja na privacidade dos entrevistados ou nos seus direitos e valores. Nessa perspectiva, devem-se tomar todos os cuidados para que os recursos empregados na coleta de dados não se tornem elementos de pressão física e/ou psicológica sobre os entrevistados.[16]

---

15. Lakatos e Marconi (2008) propõem outras modalidades de observação – assistemática, participante, não participante, individual, em equipe. Consultar também Goode e Hatt (1975, cap. 10).

16. Quando for o caso, é importante consultar a resolução n. 466/13, do Conselho Nacional de Saúde que, no Brasil, estabelece as normas para pesquisas envolvendo

ETAPA III – A análise dos dados

Após a coleta dos dados julgados pertinentes e relevantes, inicia-se o processo de análise, classificação e interpretação das informações coletadas.

Esta não é uma etapa que se realiza automaticamente. Exige criatividade, caso contrário o trabalho não ultrapassa o nível da simples compilação de dados ou opiniões sobre um determinado tema. A análise dos dados é importante, justamente porque através dessa atividade há condições de evidenciar-se a criatividade do pesquisador. De outra forma, não haveria sentido na atividade da pesquisa.

Esta etapa envolve:

1) Classificação e organização das informações coletadas;
2) Estabelecimento das relações existentes entre os dados:
   - Pontos de divergência;
   - Pontos de convergência;
   - Tendências;
   - Regularidades;
   - Princípios de causalidade;
   - Possibilidades de generalização.
3) Quando necessário, tratamento estatístico dos dados.

As informações devem ser classificadas tendo como referência o capítulo ou item do plano provisório de assunto. Quando o pesquisador vai elaborando, ao longo do processo, suas fichas de documentação, tem seu trabalho facilitado no momento da classificação da informação obtida.

---

seres humanos. Essa resolução, publicada no DOU de 13/6/2013, seção 1, p. 59, atualizou a de n. 196/96, que tratava desse tema.

Três pontos devem ser levados em consideração nessa fase: pertinência, relevância e autenticidade das informações:

- Pertinência: deve-se verificar se a informação registrada pertence à área pesquisada e é efetivamente essencial à pesquisa; se não houve algum engano quando do fichamento pelo pesquisador. Quando o planejamento e a coleta de dados estão bem-elaborados, poucas fichas serão excluídas das informações a serem analisadas. Caso a pertinência do item em questão seja duvidosa, a ficha de apontamentos pode ser arquivada para verificação ou utilização posterior;
- Relevância: mesmo que a informação pertença à área pesquisada, pode não ser relevante para a pesquisa em questão. O problema da relevância vai depender do conhecimento do pesquisador em relação a sua área de especialização, e de uma análise comparativa das informações coletadas. Não é suficiente mencionar-se, no corpo de uma pesquisa, uma variedade de informações documentadas. A análise comparativa entre os autores que se expressam sobre aspectos semelhantes ou controversos de um mesmo problema vai revelar qual representa a melhor e mais adequada contribuição para a pesquisa;
- Autenticidade: ao longo da pesquisa podem-se encontrar citações não documentadas, quando vários autores e obras são consultados sobre determinado assunto. Deve-se então localizar e documentar a informação original, para incorporá-la como nota crítica da pesquisa. Também se deve verificar se não há concentração de informações consideradas ultrapassadas.

Quanto à organização das informações, podemos dizer que ela implica uma ordenação lógica dos dados coletados, levando-se em conta sua importância e sua evidência. Informações presentes ao acaso não permitem a formação de um raciocínio lógico de interpretação.

A organização permite uma visão de conjunto da pesquisa; permite também uma visualização de certos problemas com relação aos dados coletados, possibilitando uma correção ou superação das deficiências observadas.

Ela proporciona ao pesquisador a possibilidade de verificar se os autores consultados oferecem uma visão parcial de determinado assunto, o que vai requerer uma complementação dos dados.

Informações parciais ou documentadas incorretamente devem ter suas fontes novamente pesquisadas, para serem utilizadas com segurança na redação final do trabalho.

No que se refere ao estabelecimento das relações entre os dados coletados, tanto na pesquisa quantitativa, como nas abordagens qualitativas, vamos trabalhar com categorias; as categorias são empregadas para estabelecer classificações e trabalhar com elas significa agrupar elementos, ideias ou expressões em torno de conceitos capazes de abranger todos esses aspectos.

Por sua vez, os conceitos são construções lógicas criadas a partir de impressões sensoriais, percepções ou mesmo experiências bem complexas. Nessa perspectiva, os conceitos são abstrações, que adquirem um significado, um sentido, somente dentro de um quadro de referência, de um sistema teórico, ou seja, a partir das teorias que orientaram a coleta de dados e que devem também orientar sua análise.

Devemos assinalar aqui a importância de ter claros os significados dos conceitos com que estamos trabalhando na pesquisa, para que no momento da análise dos dados não se trabalhe com conceitos equivocados, com significados ambíguos/sobrepostos/contraditórios.

Quando, além da pesquisa bibliográfica, recorre-se a entrevistas para coletar dados relevantes para a pesquisa, sugerimos que, para a análise do material, o pesquisador elabore um quadro referencial, contendo as principais informações prestadas pelos entrevistados.

Para tanto, propomos que, num primeiro momento, a partir de uma leitura atenta, assinale os principais pontos das respostas de cada entrevistado; a seguir, registre essas informações de forma a ter uma visão de conjunto dos dados coletados, como exemplificado no quadro a seguir:

Quadro VI

	QUESTÃO 1	QUESTÃO 2	QUESTÃO 3
ENTREVISTADO 1	Principais informações	Principais informações	Principais informações
ENTREVISTADO 2	....	....	....

A partir da análise das informações contidas no quadro, o pesquisador pode estabelecer as relações com a teoria e com as hipóteses que orientam toda a pesquisa; no caso da pesquisa qualitativa, que não estabelece *a priori* todas as categorias de análise, este quadro referencial pode auxiliar o pesquisador na categorização e na análise dos dados coletados.

Essa estratégia também auxilia o pesquisador a detectar e a interpretar os pontos de divergência e/ou convergência entre os dados coletados, em relação à teoria ou desta em relação à prática ou à realidade estudada.

Esse quadro referencial também é de grande valia no momento da redação do relatório de pesquisa, à medida que possibilita enriquecer a síntese pessoal que o pesquisador elabora sobre os dados coletados; a critério do pesquisador ou do orientador da pesquisa, esse quadro referencial poderá ser anexado ao relatório final da pesquisa.

Por outro lado, o momento da análise dos dados configura-se como uma possibilidade de estabelecermos novas relações entre os dados coletados, o que pode significar avançarmos no plano do conhecimento; nessa direção, Alvin Gouldner (*apud* Alves 1984, p. 153) chega a afirmar que

as mudanças mais fundamentais em qualquer ciência comumente resultam, não tanto da invenção de novas técnicas de pesquisa, mas antes de novas maneiras de se olhar para os dados, dados estes que podem ter existido por longo tempo.

Nesse momento da análise dos dados trabalhamos num contexto interpretativo, a partir das diretrizes fixadas pelas hipóteses e da relação que a hipótese mantém com o sistema teórico proposto.

Para orientar a análise dos dados, Dusilek sugere o roteiro a seguir:

Roteiro auxiliar para interpretação e verificação dos dados:

1) Verificar os fatos;
2) Verificar os pressupostos;
3) Verificar os materiais ou fontes utilizados;
4) Verificar as técnicas utilizadas;
5) Verificar o esquema de referência teórico e as categorias utilizadas;
6) Procurar erros lógicos;
7) Verificar o sistema de análise;
8) Verificar a inter-relação entre a hipótese, a teoria e o esquema proposto.

É necessário uma análise que "passe" pelo roteiro mencionado. O conhecimento científico é organizado, devendo existir uma coerência dos fatos com a teoria e desta com a hipótese, para podermos passar a elaborar o plano definitivo de assunto. A análise e a interpretação dos dados são processos relacionados entre si, mas que guardam suas especificidades em função do projeto de pesquisa.

Quando o trabalho de pesquisa requer o tratamento e a análise estatística dos dados coletados, essa tarefa pode ser executada pelo próprio pesquisador ou ser atribuída a um especialista. Não resta dúvida de que a representação visual através de diagramas, gráficos, tabelas vai facilitar a compreensão dos dados coletados e ampliar as possibilidades de correlação e comparação, facilitando o processo de análise e interpretação.

Na realidade, esta etapa do processo é muito complexa; o pesquisador deve estar atento para não tomar os dados como verdades absolutas, envolvendo-se demais com as técnicas, perdendo o referencial teórico e o significado do próprio projeto.

ETAPA IV – A elaboração escrita

Esta última etapa da pesquisa envolve:

- Estrutura definitiva do projeto de pesquisa: elaboração do plano de assunto definitivo;
- Redação final;
- Apresentação gráfica geral.

1) Estrutura definitiva do projeto de pesquisa – Após a etapa da análise dos dados deve-se elaborar o plano de assunto definitivo; esse plano é baseado no plano de assunto provisório, preparado na fase de planejamento da pesquisa, com as modificações requeridas pela própria natureza dos dados coletados, ou as que o pesquisador ou orientador julgar necessárias.

Nesse sentido, a própria ordem ou sequência dos itens que compõem o plano provisório de assunto pode sofrer alterações.

Elaborar o plano definitivo de assunto é prever o que se vai comunicar, é distribuir as partes que compõem o assunto, distinguindo as ideias importantes das secundárias e estabelecer ordenadamente as ligações e relações dos dados coletados ao tema central. A originalidade de todo trabalho está na estrutura do projeto, que é o resultado de um esforço pessoal de reflexão, embora se adapte à natureza do assunto e dependa dos resultados da pesquisa.

O plano deverá compor-se de três partes distintas: *introdução, desenvolvimento* e *conclusão*, subdividindo-se cada uma segundo a exigência da clareza e do objetivo da pesquisa.

- Introdução: deve ser escrita somente quando o trabalho em si estiver concluído, atendendo aos seguintes objetivos:

a) Anunciar o assunto/tema da pesquisa: é o que dá início à introdução, para que se possa ter uma ideia clara da problemática a ser tratada no texto.

Deve-se a seguir situar/delimitar o assunto, a partir do quadro teórico de referência utilizado na pesquisa, com a finalidade de mostrar a sua importância, bem como definir a metodologia utilizada no desenvolvimento da pesquisa.

b) Indicar como será desenvolvido o trabalho: é o que conclui a introdução, com a indicação do plano de assunto, do que tratará cada parte/capítulo do trabalho, portanto, as ideias mestras do desenvolvimento. Quando necessário, mencionar recursos ilustrativos ou o conteúdo dos anexos que farão parte do trabalho de pesquisa.

- Desenvolvimento: também chamado corpo do assunto, corpo do trabalho, visa comunicar os resultados da pesquisa. Como núcleo fundamental do trabalho, deverá conter o seguinte:

a) Uma divisão que mostre a estrutura lógica com que o tema foi desenvolvido, isto é, que permita a passagem da lógica da investigação para a lógica da demonstração e/ou interpretação. Aqui o pesquisador vai explicar, discutir, demonstrar os resultados e as conclusões da pesquisa realizada.

Cabe lembrar que não se deve ter a pretensão de chegar a explicações "absolutas e finais" sobre um determinado tema; como assinala Asti Vera (*apud* Salomon 1974, p. 274), toda explicação está de algum modo aberta, porque é quase sempre parcial, condicional, aproximada, instrumental e heurística. Parcial, porque só são considerados alguns dos fatores que determinam um fato, um fenômeno ou uma ideia; condicional, porque toda explicação é válida em certo plano e aplicável dentro de certas condições; aproximada, porque nem as medidas nem as qualidades consideradas são exatas; instrumental, visto que a explicação produz um resultado pelo simples fato de ser comunicada e, finalmente, heurística, pois é capaz de promover e orientar investigações ulteriores.

Para a explicação, o pesquisador pode recorrer às descrições, às classificações e às definições. Na demonstração coloca os argumentos necessários para provar suas hipóteses, e na discussão desenvolve sua análise sobre os resultados da pesquisa.

b) O desenvolvimento deverá ser dividido em partes: deve-se iniciar pelos títulos mais importantes, que constituirão os capítulos e subdividir cada um, segundo a lógica e o material disponível, em itens e subitens, adotando uma numeração progressiva.

A divisão deve indicar a sequência natural da pesquisa realizada; no caso da pesquisa experimental, sugerimos a seguir uma relação sequencial dos itens que devem fazer parte do desenvolvimento, e que geralmente constam do primeiro capítulo:

- Descrição do problema e das hipóteses;
- Descrição das variáveis que serão verificadas;
- Planejamento e tipos de amostragem;
- Descrição das amostras;
- Descrição dos instrumentos e técnicas utilizados;
- Apresentação dos resultados;
- Relações causa-efeito, generalizações, conclusões.

Essa não é uma sequência rígida, o pesquisador deve avaliar outros itens que pode incluir. Quando os dados coletados representam um volume muito grande de informações, podemos agrupar os itens descritivos em um capítulo e deixar a apresentação dos resultados e a discussão para um segundo capítulo.

A divisão em capítulos, itens e subitens será a base para a realização do sumário.

- Conclusão: é a decorrência lógica de todo o desenvolvimento do trabalho, a resposta ao tema enunciado na introdução:

a) A conclusão é uma síntese dos principais argumentos que fundamentam o desenvolvimento de cada capítulo; nesse sentido, a conclusão deve relacionar as hipóteses levantadas com os principais resultados da pesquisa.

b) Esta síntese não deve, a rigor, introduzir novos elementos sobre a pesquisa realizada, que não constam do corpo do trabalho; entretanto, pode incluir propostas ou sugestões de continuidade da pesquisa, ou mesmo, novos temas, sobre os quais a pesquisa mostrou serem necessárias outras investigações, abrindo perspectivas para se ampliar o conhecimento científico.

Essa divisão da redação do trabalho em *introdução*, *desenvolvimento* e *conclusão*, é geralmente utilizada em monografias, dissertações e teses.

Pode-se também apresentar os resultados da pesquisa em forma de *relatório técnico-científico*, forma geralmente utilizada nas pesquisas experimentais, na área das ciências biológicas e da saúde.

Nesse caso, o plano definitivo de assunto deverá compor-se de cinco partes distintas: *introdução, revisão de literatura, materiais e métodos, apresentação e discussão dos resultados* e *conclusão*.

Introdução: contém as informações básicas para se compreender qual o objeto de estudo e sua relação com o quadro teórico-metodológico que orientou a pesquisa; pode-se ainda incluir a delimitação do tema a ser tratado e a(s) hipótese(s) de trabalho.

Revisão de literatura: registra o levantamento bibliográfico de outros autores que pesquisaram o mesmo tema, os parâmetros utilizados, as controvérsias existentes, enfim, contextualiza a pesquisa em relação aos avanços teóricos e metodológicos na área de conhecimento. Dessa forma, a revisão de literatura pode oferecer informações importantes sobre o tema pesquisado, destacando aspectos não estudados ou que demandam novas pesquisas.[17]

Materiais e métodos: aqui o pesquisador deve se preocupar em detalhar os procedimentos de cada etapa da pesquisa, especificando as técnicas e os materiais utilizados, os equipamentos e a forma de registro dos dados e, caso necessário, os procedimentos para o controle estatístico dos dados.

Apresentação e discussão dos resultados: deve ser redigida levando-se em conta a mesma sequência de realização da pesquisa, enriquecendo-se o texto com recursos ilustrativos que auxiliem a compreensão da lógica da pesquisa, como fotos, esquemas, gráficos, tabelas, quadros comparativos, entre outros. A discussão se volta para a interpretação dos resultados, sua comparação com os dados obtidos na *Revisão de literatura*, apontando as implicações e/ou avanços que os resultados obtidos trazem para a área de conhecimento.

Conclusão: momento em que o pesquisador registra as contribuições e os limites da pesquisa, as possibilidades de generalização dos resultados, apontando ainda outros desdobramentos que poderiam ser investigados (Azevedo 1996, pp. 49-57).

---

17. Ver orientações gerais para revisão de literatura anexas.

2) Redação final – Independentemente da modalidade (artigo, monografia, relatório técnico-científico, estudo de caso, dissertação etc.), a redação final envolve os aspectos lógicos (organização lógica do texto), os aspectos formais (linguagem e estilo) e os aspectos estruturais do texto (formatação, diagramação, notas e citações, referências bibliográficas).

As orientações técnicas referentes à redação final, em especial quanto aos aspectos estruturais, têm sido apresentadas de forma diversificada pelos autores, uma vez que nem todas estão normatizadas oficialmente. Nesse sentido, procuramos focalizar as de uso corrente nos meios universitários, destacando a importância de um procedimento uniforme do início ao fim do trabalho, a fim de que não tenhamos orientações técnicas conflitantes/diferentes na apresentação final do trabalho de pesquisa.

Relatar os procedimentos da pesquisa através de uma comunicação escrita tem a finalidade de "gerar" progresso em determinada área do saber. Portanto, deve haver uma relação entre a lógica utilizada na "descoberta" e a empregada para "contá-la". Por isso, deve-se elaborar a pré-forma/rascunho/versão preliminar, com a finalidade de permitir ao pesquisador visualizar as principais deficiências de comunicação do relatório. Tais deficiências poderão ser corrigidas, para que o relatório final alcance a comunidade acadêmica dentro dos padrões rigorosos que ela própria formulou. Essa versão preliminar pode ser previamente avaliada pelo professor orientador da pesquisa, procedimento que tem sido frequente nos cursos de graduação e de pós-graduação, quando se trata de trabalhos monográficos de conclusão de curso.

Em alguns casos, através do relatório de pesquisa pretende-se avaliar o nível de qualidade e produtividade do pesquisador, razão pela qual deve ser dada toda atenção à redação final.

Quanto à linguagem científica, devem ser observados os seguintes pontos, que (internacionalmente) são valorizados pela comunidade científica:

- Impessoalidade: todo trabalho deve ser redigido na 3ª pessoa do singular com pronome "se", deve ter caráter impessoal; podemos ainda utilizar expressões, como "o presente trabalho", "deduzimos", na 1ª pessoa do plural.
- Objetividade: a linguagem objetiva deve afastar do campo científico pontos de vista pessoais, não fundamentados por dados concretos. Não devem ser usadas expressões como "eu penso", "parece-me", "como todo mundo sabe", "parece ser", que dão margem a interpretações meramente subjetivas e comprometem o valor do trabalho.
- Estilo científico: a linguagem científica é informativa e técnica, de ordem racional, firmada em dados concretos, a partir dos quais analisa, sintetiza, argumenta e conclui, distinguindo-se do estilo literário, mais subjetivo.
- Vocabulário técnico: a linguagem científica serve-se do vocabulário comum, utilizado com clareza e precisão, mas cada ramo da ciência possui uma terminologia técnica própria, que acompanha sua evolução e que deve ser observada.
- A correção gramatical: é indispensável. Deve-se procurar relatar a pesquisa com frases curtas, evitando muitas orações subordinadas, intercaladas com parênteses, num único período. O uso de parágrafos deve ser dosado na medida necessária para articular o raciocínio: toda vez que se dá um passo a mais no desenvolvimento do raciocínio, muda-se o parágrafo.
- Os recursos ilustrativos: esses recursos têm por objetivos complementar o texto, demonstrar resultados, sintetizar dados, entre outros; podem ser inseridos no próprio texto, o mais próximo possível do trecho a que se referem; podem ser quadros, tabelas ou figuras.
- Os quadros podem resumir conceitos, sintetizar informações, comparar conceitos de diferentes autores e, geralmente, não contêm dados estatísticos; sua numeração é sequencial em todo o texto, com algarismos arábicos, e tanto a numeração quanto o título são colocados acima do quadro, que tem bordas fechadas.

- As tabelas são utilizadas para apresentar dados estatísticos; sua numeração independe da numeração de outros recursos ilustrativos, sequencial em todo o texto, com algarismos arábicos, e tanto a numeração quanto o título são colocados acima da tabela, que tem bordas abertas.

- As figuras, que podem ser de vários tipos – mapas, fotos, gráficos, fluxogramas, esquemas, entre outros –, têm numeração independente, em números arábicos e sequenciais em todo o texto; a numeração e a legenda são colocadas abaixo da figura.

- As fontes dos recursos ilustrativos devem ser citadas em notas de rodapé.[18] A critério do pesquisador, recursos ilustrativos também poderão constituir um anexo do texto, por exemplo: um álbum de fotos, um quadro comparativo entre dois ou mais autores, entre outros.

Quanto à documentação, deve ser registrada nas notas de rodapé, na bibliografia final e, se necessário, nos anexos.

Quando resumimos conceitos, trechos ou passagens dos textos dos autores consultados para a elaboração da pesquisa, conservando suas ideias originais, elaboramos uma paráfrase. Nesse caso, não é necessário manter aspas, como nas citações literais, textuais.

No entanto, a "interpretação" ou "tradução livre" das afirmações dos autores consultados não deve distorcer seu conteúdo. Para garantir a não ocorrência de tais distorções, quando a síntese não é possível ou dificultaria o entendimento correto das ideias do autor, utilizamos as citações.

A citação literal é a transcrição de frases ou trechos de um autor, com a finalidade de esclarecer ou confirmar uma argumentação. Deve ser colocada no texto entre aspas, seguida de um número de chamada, que remete ao rodapé da página, onde indicamos a fonte de onde procede a citação, registrando o nome do autor, em ordem direta, o título da obra, e

---

18. Ver complementação sobre o uso de recursos ilustrativos em Feitosa (2007).

o número da página onde poderemos encontrar a frase ou trecho citado, desde que os dados completos da publicação constem na bibliografia final.

Podemos especificar ainda as seguintes finalidades para as notas de rodapé:

- Dar crédito a outros autores que já realizaram um trabalho sobre o mesmo tema;
- Indicar outros textos complementares ao entendimento do assunto tratado na pesquisa;
- Fazer referências a outras partes do próprio texto (referências remissivas);
- Esclarecer conceitos citados no texto;
- Fazer referência aos materiais anexos.

Os números de chamada das notas de rodapé são contínuos, do início ao fim do trabalho de pesquisa. Alguns autores adotam a numeração por parte ou capítulos.

As notas são separadas do texto propriamente dito por um traço que se prolonga até 1/3 da página, e deve-se deixar um centímetro de espaço tanto acima como abaixo do traço. Alguns autores adotam a prática de colocar as notas ao final do trabalho.

A *bibliografia final* deve ser organizada segundo a ordem alfabética dos autores que o pesquisador utilizou ou consultou no decorrer do trabalho; deve ser organizada de acordo com as normas da ABNT, a partir das fichas bibliográficas que o pesquisador utilizou para o registro das informações na fase de coleta de dados.

Os *apêndices* são constituídos de material do próprio pesquisador – uma síntese, um artigo, uma comunicação, um relato ou mesmo material suplementar da própria pesquisa – que auxilie a compreensão do assunto tratado, o processo de desenvolvimento da pesquisa ou que venha a confirmar o próprio conteúdo do trabalho.

Os *anexos* são documentos, nem sempre do próprio autor do trabalho, que têm a finalidade de complementar/ilustrar/comprovar dados citados no decorrer da pesquisa. No caso de vários anexos acompanharem o trabalho de pesquisa, cada anexo deve vir separado de outro por folha que indique seu conteúdo. Cada anexo tem sua numeração independente de outro; a folha que indica seu conteúdo tem uma numeração seguindo a sequência normal do relatório de pesquisa.

Caso o pesquisador julgue necessário, pode organizar um *glossário* dos termos técnicos ou conceitos mais utilizados no decorrer da pesquisa, que deve constar como anexo.

Dependendo do tema que está sendo pesquisado, ou quando estamos pesquisando instituições ou órgãos governamentais, há necessidade de empregarmos um conjunto de *siglas*, que normalmente são usadas para caracterizá-los. Na redação final recomenda-se que na primeira citação se coloque a sigla, seguida do seu significado por extenso e, nas demais vezes em que for utilizada, somente a sigla.

No caso da utilização de um número de siglas superior a dez, recomenda-se elaborar uma Lista de Siglas, que fará parte das páginas preliminares, logo após o Sumário do texto.

3) Apresentação gráfica geral

ELEMENTOS PRÉ-TEXTUAIS

a) Capa: nome do autor, ordem direta, centralizado, no alto da página
   - Título do trabalho, grifado, centralizado, no meio da página;
   - Local e data, centralizado, no nível da margem inferior;
   - Não é numerada.

b) Página de rosto: nome do autor, ordem direta, centralizado, no alto da página

- Título do trabalho, grifado, acima do meio da página, centralizado;
- Abaixo do título, do lado direito deve constar uma explicação quanto à natureza do trabalho, a instituição a que se destina, sob a orientação de quem foi realizado, isto é, a finalidade do trabalho (projeto de pesquisa, relatório de pesquisa, relatório de avaliação, dissertação de mestrado, tese de doutorado e outros);
- Local e data, centralizado, ao nível da margem inferior;
- A numeração inicia-se na página de rosto, mas não é obrigatório colocar o número no alto da página. Conforme a modalidade do trabalho acadêmico ou a exigência da instituição, deve-se elaborar a ficha catalográfica, com as informações principais sobre o trabalho realizado, ou seja, autor, título, local, assunto e número de páginas. Essa ficha, geralmente feita com auxílio da biblioteca local, deve ser inserida no verso da página de rosto, na parte inferior da página, respeitando-se as margens já existentes.

c) Página de aceitação: página em branco onde serão colocadas as observações sobre o trabalho e a avaliação.

d) Prefácio: não é obrigatório. Pode ser escrito pelo autor ou por um convidado, citando a instituição que promoveu a pesquisa, ou agradecimentos pela orientação e patrocínio recebidos.

e) Agradecimentos e dedicatória: escritos pelo autor, não são de uso obrigatório.

f) Resumo (*Abstract*): deve ser preparado de acordo com a normatização da ABNT (NBR 6028) e consiste na apresentação concisa dos pontos relevantes do texto, com o objetivo de fornecer elementos capazes de permitir ao leitor ter uma ideia do seu conteúdo. No caso dos trabalhos acadêmicos, o resumo se caracteriza por ser indicativo e informativo: destaca os principais pontos do texto e informa objetivos, metodologia, resultados e conclusões. A extensão do resumo depende da sua finalidade, isto é, para monografias, aproximadamente 250 palavras, para relatórios de pesquisa e teses, até 500 palavras, redigido na língua original e/ou em outro idioma, conforme estabelecido pela instituição.

g) Páginas preliminares: listas de tabelas, de figuras e de siglas são numeradas, mas não constam do sumário. Segundo a ABNT 14724/2011, essas listas devem vir antes do sumário; no entanto, é uma orientação que tem variado de instituição para instituição. Sugerimos sempre consultar o orientador da pesquisa ou as orientações internas vigentes nas instituições de ensino superior.

h) Sumário: indica as partes do trabalho, capítulos, seus títulos, itens e subitens, e as páginas em que se encontram.

ELEMENTOS TEXTUAIS

i) Introdução.

j) Desenvolvimento: corpo do assunto; cada capítulo deve começar em nova folha e ser numerado progressivamente, em algarismos romanos. Os itens e subitens deverão ser numerados com algarismos arábicos até a terceira subdivisão, quando então podemos usar letras. Exemplo:

1. –

   1.1. –

      1.1.1. –

         1.1.1.a... etc.

k) Conclusão.

ELEMENTOS PÓS-TEXTUAIS

l) Referências: lista de todos e apenas os trabalhos citados no texto, registrando a literatura efetivamente utilizada para a pesquisa, ou seja, as obras de referência teórica, incluindo as obras de orientação metodológica.

m) Bibliografia: lista das obras consultadas mas não citadas no texto; reúne os livros, documentos, artigos, outros trabalhos de pesquisa, materiais iconográficos (diapositivos, ilustrações, cartões-postais, fotografias, obras de arte etc.), materiais cartográficos (mapas, atlas etc.), documentos eletrônicos (bases de dados *on-line*, CD-ROM, listas de discussão, *e-mail* etc.), citadas de acordo com as normas da ABNT (NBR 6023).

Essa listagem é elaborada a partir dos registros que o pesquisador vai fazendo desde a elaboração do projeto, conforme destacamos na Etapa II; o mais importante é que a bibliografia final contenha os dados que possibilitem a identificação das fontes consultadas, conforme exemplo nas páginas complementares deste livro.

n) Apêndices: recomenda-se que sejam indicados no Sumário; são textos ou informações (tabelas, gráficos, outros) de autoria do próprio autor, que complementam o trabalho de pesquisa.

o) Anexos: recomenda-se que sejam indicados no Sumário; alguns autores adotam o procedimento de indicar os anexos e seus respectivos conteúdos nas páginas preliminares, após o Sumário, em página separada das Listas de Figuras e/ou Tabelas.

p) Índice: o índice auxilia a localização de autores, informações e assuntos do texto. Embora não seja um item obrigatório, algumas instituições exigem que os relatórios de pesquisa ou os trabalhos de conclusão de curso venham acompanhados de índices. O índice deve constar logo após os anexos. Os de uso mais frequente nos meios acadêmicos são: 1) de autores citados (índice onomástico) e 2) de assunto (índice remissivo), ambos organizados em ordem alfabética.

q) Contracapa: folha em branco que encerra o trabalho.

Quanto à forma gráfica do texto, deve-se levar em consideração:

- Tipo de papel: tamanho ofício (21,5 cm x 31,5 cm), sulfite, utilizado de um só lado e espaço 2 (dois), dando à margem superior e à margem esquerda o espaço de 3 (três) centímetros e à margem inferior e à margem direita o espaço de 2 (dois) centímetros. Quando houver exigência de encadernação do trabalho final do tipo capa dura, deixar margem esquerda de 4 (quatro) centímetros, para uso da tipografia.

- O título de cada capítulo do corpo do trabalho deve ser centralizado e colocado a 8 (oito) centímetros da margem superior da folha.
- Todo parágrafo deve começar a 8 (oito) espaços do início da margem.

A seguir, são apresentados a relação das abreviaturas mais utilizadas nos trabalhos de pesquisa e um modelo de página do texto onde constam citação literal, com respectivo modelo de nota de rodapé, e orientação para o procedimento quando houver figuras.

Abreviaturas mais utilizadas

ad tempora – citação feita de memória

ap., apud – segundo, junto a (para citações indiretas)

cf. – confira

doc. – documento

e col. – e colegas, para pesquisas com vários pesquisadores

et al., et alii – e outros, para obras com vários autores

ex. – exemplo

ibid., ibidem – mesma obra e mesmo autor, já referidos em nota imediatamente anterior

id., idem – o mesmo autor, ou a mesma obra, já referida em nota imediatamente anterior

il. – ilustração(ões)

in – em, para capítulos ou artigos em obras coletivas

infra – abaixo, em linhas ou páginas adiante

ip. lit. – (*ipsis litteris*) literalmente

n., nº – número

op. cit. – (*opus citatum*) na obra já citada

p., pp. – página(s)

s.d. – sem data

sel. – seleção

sep. – separata

sic – assim mesmo (para assinalar erros ou afirmações inusitadas do original)

supra – acima, em linhas ou páginas atrás

trad. – tradução

v., vol., vols. – volume(s)

v.o. – ver o texto original

As abreviaturas podem ser indicadas em português ou latim, o importante é que haja uniformidade na forma de indicação, permanecendo a mesma do início ao fim do trabalho de pesquisa.

(modelo de página do corpo do texto)

I – TÍTULO DO CAPÍTULO (centralizado)

8 espaços

.... (início do parágrafo)

    XXXXXXXXXXXXXXXXXXXXXXXXXXXXXXXXXXXXXXXXXXXXX
XXXXXXXXXX.

(início da linha após 3 cm   (término da linha a 2 cm
da margem esquerda)   da margem direita)

(se houver citação literal)

    "XXXXXXXXXXXXXXXXXXXXXXXXXXXXXXXXXXXXX
XXXXXXXXXXXXXXXXXXXXXXXXXXXXXXXXXXXXXXXXXXXXXXXXXXX
XXXXXXXXXXXXXX"[1]

(se houver citação ou nota de rodapé)

    XXXXXXXXXXXXXXXXXXXXXXXXXXXXXXXXXXXXXXXXX
XXXXXXXXXXX. (vide figura 1)

fig. 1 – Nome da ilustração[2]

    XXXXXXXXXXXXXXXXXXXXXXXXXXXXXXXXXXXXXXXXX
XXXXXXXXXXXXX

---

1. Antônio Joaquim Severino. *Metodologia do trabalho científico, 21.*
2. (Referência bibliográfica do recurso ilustrativo – Fonte).

3
PROPOSTA DE CRITÉRIOS PARA ACOMPANHAMENTO E AVALIAÇÃO DA PESQUISA NA GRADUAÇÃO

Avaliar, acima de tudo, é cuidar. Quem cuida com zelo, avalia passo a passo, sistematicamente, todo dia, com o objetivo de garantir ao aluno a melhor oportunidade possível.
Pedro Demo

Inicialmente elaborados como critérios para avaliação dos trabalhos de conclusão de curso na graduação, a proposta, ora ampliada, tem como objetivo manter o mesmo encadeamento lógico das etapas apresentadas nos capítulos anteriores; ou seja, para cada etapa do processo de pesquisa, propomos, como orientadores, um acompanhamento e uma avaliação gradativa dos resultados alcançados pelos alunos, qualquer que seja a modalidade de trabalho acadêmico a ser desenvolvida.

Tendo por objetivo maior o desenvolvimento da autonomia intelectual dos alunos desde a graduação, temos por fundamento a avaliação processual, emancipatória, no sentido de incentivá-los a conhecer, a compreender e a analisar problemas, propor soluções, divulgar os resultados alcançados, ter consciência de seu próprio processo de aprendizagem e incentivar um comprometimento ético com a produção de conhecimento (Pádua 2008b).

Nesse sentido, não poderiam ficar de lado elementos que indicassem esse comprometimento, bem como a possibilidade do protagonismo dos alunos quanto ao desenvolvimento da pesquisa; assim, propomos, a partir de critérios para avaliação temática e metodológica que desenvolvemos ao longo da docência, aspectos que consideramos importantes para avaliação do processo acadêmico e de aprendizagem vivenciado pelo aluno, integrados à dimensão teórico-metodológica.

Essa *base de referência* para a avaliação de trabalhos acadêmicos de pesquisa está organizada a partir das etapas apresentadas no Capítulo 2, sempre lembrando que a divisão em etapas tem caráter didático, uma vez que todo o processo de elaboração é integrado, o mesmo ocorrendo com os momentos de avaliação.

Acrescentamos ainda critérios para a fase de socialização e/ou apresentação dos resultados da pesquisa, momento cada vez mais importante na graduação, seja nas mostras de iniciação científica, seja na apresentação formal dos trabalhos de conclusão de curso, entre outros.

AVALIAÇÃO TEMÁTICA/METODOLÓGICA	AVALIAÇÃO DO PROCESSO DO ALUNO
ETAPA I – PROJETO	**ETAPA I – PROJETO**

AVALIAÇÃO TEMÁTICA/METODOLÓGICA

ETAPA I – PROJETO

1. Seleção do tema
   - O tema escolhido é relevante (original, criativo) para a formação profissional;
   - o tema é relevante para a área de educação/formação;
   - há possibilidade de desenvolvimento na graduação?

2. Formulação do problema e levantamento das hipóteses
   - Descreve corretamente o problema a ser pesquisado;
   - contextualiza o problema;
   - elabora hipóteses que podem levar à solução do problema;
   - consegue estabelecer as variáveis, propriedades e/ou características que envolvem o problema levantado;
   - associa o tema a ser desenvolvido com a resolução de problemas presentes no estágio, quando for o caso;
   - empenha-se no levantamento bibliográfico inicial;
   - indica os recursos metodológicos e/ou estratégias que deverão ser utilizados para a coleta de dados;
   - mostra compreensão do que representam os objetivos e hipóteses do projeto, em termos de métodos a serem utilizados para alcançá-los.

AVALIAÇÃO DO PROCESSO DO ALUNO

ETAPA I – PROJETO

- Comparece regularmente à orientação;
- revela iniciativa e autonomia na busca de seu tema de pesquisa;
- mostra capacidade de sintetizar as leituras para a correta identificação e definição do problema;
- dispõe-se a buscar informações sobre o tema escolhido, em qualquer dos meios em que esteja armazenado;
- seleciona, prepara e utiliza o material necessário à elaboração do projeto;
- compreende a importância da elaboração de um cronograma individual nessa etapa do projeto (faz plano individual de trabalho);
- avalia o cumprimento de seu cronograma individual de atividades, redirecionando ações, quando for o caso;
- mostra disponibilidade para recuperar conteúdos e habilidades adquiridas ao longo do curso;
- mostra desenvoltura na busca de informações que acrescentem conhecimento e que, de certa forma, auxiliem a atingir os objetivos propostos;
- a produção escrita revela crescimento no processo de elaboração do projeto;
- avalia seu desempenho na apresentação oral do projeto, quando for o caso;
- contribui com críticas pertinentes para a melhoria do seu projeto e o dos colegas, quando for o caso;
- atende ao cronograma institucional de entrega do projeto.

Metodologia da pesquisa 111

AVALIAÇÃO TEMÁTICA/METODOLÓGICA	AVALIAÇÃO DO PROCESSO DO ALUNO
ETAPA II – COLETA DE DADOS	ETAPA II – COLETA DE DADOS
ETAPA III – ANÁLISE DOS DADOS	ETAPA III – ANÁLISE DOS DADOS
– Elabora e descreve corretamente os instrumentos para realizar a coleta de dados, focada nos objetivos da pesquisa; – verifica se a pesquisa bibliográfica não extrapola o contexto da pesquisa; – analisa se a pesquisa é atualizada, de acordo com o desenvolvimento científico da área; – completa adequadamente a bibliografia inicial; – organiza e registra corretamente as fontes pesquisadas; – organiza as informações coletadas de acordo com os objetivos do projeto (correlação com o referencial teórico, percebendo a importância do referencial teórico para discussão dos dados); – mostra rigor científico na coleta e análise dos dados, adequado ao nível da graduação; – trabalha material coletado a fim de evitar que o trabalho acadêmico seja simples compilação de textos; – cria novas formas de apresentação dos dados coletados; – analisa e consegue correlacionar os resultados obtidos com a proposta do projeto.	– Elabora e justifica mudanças no projeto, quando necessárias; – discute com o orientador as situações em que encontra dificuldades, reconhecendo e trabalhando suas capacidades e limitações; – efetua modificações em resposta à orientação, ampliando a busca bibliográfica, quando for o caso; – apresenta e discute com o orientador os recursos metodológicos, os registros, os fichamentos ou outros materiais solicitados, à medida que desenvolve a coleta de dados; – é capaz de direcionar seu trabalho para a constante operacionalização do processo, assumindo sua responsabilidade pelo desenvolvimento do trabalho acadêmico; – mostra capacidade de reorganizar e reelaborar conhecimentos (busca construir conhecimentos e não somente reproduzi-los); – revela capacidade de organização, persistência e aprimoramento nos registros das fontes consultadas; – revela capacidade de análise, crítica e correlação com os conteúdos teóricos; – mostra respeito, na análise dos dados, mediante os diferentes valores presentes no contexto social mais amplo, quando for o caso; – continua comparecendo regularmente à orientação.

112 Papirus Editora

AVALIAÇÃO TEMÁTICA/METODOLÓGICA	AVALIAÇÃO DO PROCESSO DO ALUNO
ETAPA IV – A ELABORAÇÃO ESCRITA	**ETAPA IV – A ELABORAÇÃO ESCRITA**
1. Estrutura definitiva do projeto – Reelabora o plano de assunto com base nos dados coletados, quando for o caso. 2. Dados coletados Apresenta redação logicamente organizada em três partes (ou de acordo com a modalidade do trabalho acadêmico): – introdução: elaborada de acordo com os requisitos da metodologia científica; – desenvolvimento: revela raciocínio lógico; demonstra sem extrapolar o contexto; há relação entre a lógica da pesquisa e a usada no tratamento escrito do problema; há utilização adequada dos recursos ilustrativos (figuras, fotos, tabelas, quadros, outros); apresenta documentação das fontes pesquisadas; linguagem correta e objetiva. – conclusão: não extrapola o contexto da pesquisa; é apresentada sinteticamente ao final do trabalho; há relação entre a hipótese e a conclusão; quando for o caso, aponta diretrizes para possível continuidade da pesquisa. 3. Métodos, técnicas, procedimentos – Revela clareza dos pressupostos teórico-metodológicos e ético-filosóficos que nortearam o trabalho; – aborda o problema de acordo com a metodologia específica da área de atuação e os objetivos do projeto. 4. Apresentação gráfica – Correção gramatical e forma gráfica correta ou, quando for o caso, maquetes, pôsteres, memoriais, portfólios, projeto experimental etc., de acordo com a modalidade de trabalho acadêmico prevista no projeto pedagógico do curso; – observa normas da ABNT (ou Vancouver); – apresentação correta da bibliografia final, apêndices e anexos organizados e pertinentes ao tema pesquisado, quando for o caso.	– Atende ao cronograma institucional de entrega do projeto definitivo; – mostra capacidade para relacionar os dados coletados na elaboração da redação; – mostra capacidade para avaliar se sua produção escrita está lógica, fluída, numa sequência compreensível e clara (coesão e coerência textuais); – atende ao cronograma de entrega de uma versão preliminar do trabalho, quando for o caso; – mostra-se disposto a rever a redação preliminar para superar falhas; – continua comparecendo regularmente à orientação e mostra empenho em construir uma contribuição pessoal sobre o tema estudado; – atende ao cronograma institucional de entrega da versão definitiva do trabalho acadêmico; – revela crescimento acadêmico na forma como foi estruturado e organizado todo o material da pesquisa, reconhecendo seu próprio crescimento no processo de elaboração (autoavaliação).

Metodologia da pesquisa

AVALIAÇÃO TEMÁTICA/METODOLÓGICA	AVALIAÇÃO DO PROCESSO DO ALUNO
Apresentação formal/socialização do trabalho acadêmico	Apresentação formal/socialização do trabalho acadêmico
– Prepara com objetividade a apresentação e contextualização do tema e do problema pesquisado; – destaca e contextualiza os principais conceitos trabalhados; – expõe com clareza os procedimentos metodológicos para o desenvolvimento do trabalho acadêmico; – apresenta argumentos consistentes e fundamentados nas teorias que deram suporte ao desenvolvimento do projeto (consistência teórica adequada para a graduação); – responde adequadamente às questões ou críticas feitas pela banca avaliadora, quando for o caso.	– Discute previamente a apresentação com o orientador; – revela empenho no preparo dos materiais para apresentação final oral do trabalho acadêmico, para a banca, público geral ou alunos do curso; – mostra clareza, desenvoltura e domínio do conteúdo trabalhado; – anota, quando for o caso, sugestões de melhoria no trabalho acadêmico ou sugestões para continuidade da pesquisa; – aponta, quando for o caso, estratégias de socialização dos resultados junto às instituições, comunidades, profissionais entrevistados e outros que colaboraram com a pesquisa desenvolvida; – avalia seu envolvimento com o processo e o desempenho na socialização dos resultados da pesquisa (autoavaliação).

Evidentemente, nem todos os aspectos acima apresentados, na sua totalidade, serão apropriados para a avaliação das diferentes modalidades de trabalhos acadêmicos; na realidade, constituem *sinalizadores*, que deverão ser adequados a cada processo avaliativo.

Independentemente da modalidade do trabalho acadêmico, é importante destacar a necessidade de divulgação prévia dos critérios aos alunos, explicitando claramente os procedimentos metodológicos e de avaliação, garantindo a transparência durante toda a trajetória de elaboração; essa transparência visa fortalecer o comprometimento dos alunos com a produção do conhecimento e com seu próprio processo de aprendizagem (Pádua 2007).

Importante também é a discussão da proposta avaliativa com todos os professores do curso, tanto no sentido de fortalecer a interdisciplinaridade e a produção de conhecimento no curso, quanto no sentido da construção de uma pauta de avaliação que possa ter critérios comuns para diferentes modalidades de trabalhos acadêmicos, em diferentes disciplinas.

BIBLIOGRAFIA

ALVES, R. *Filosofia da ciência: Uma introdução ao jogo e suas regras.* São Paulo: Brasiliense, 1984.

ALVES-MAZZOTTI, A.J. e GEWANDSZNAJDER, F. *O método nas ciências naturais e sociais: A pesquisa quantitativa e qualitativa.* São Paulo: Pioneira, 1998.

ANDRADE, M.M. de. *Como preparar trabalhos para cursos de pós-graduação: Noções práticas.* 5ª ed. São Paulo: Atlas, 2002.

APPOLINÁRIO, F. *Dicionário de metodologia científica.* São Paulo: Atlas, 2004.

ARANHA, M.L. e MARTINS, M.H. *Filosofando.* São Paulo: Moderna, 1986.

ASTI VERA, A. *Metodologia da pesquisa científica.* Porto Alegre: Globo, 1989.

AZEVEDO, I.B. de. *O prazer da produção científica.* 4ª ed. Piracicaba: Unimep, 1996.

BACHELARD, G. *Epistemologia.* Rio de Janeiro: Zahar, 1983.

BERNAL, J.D. *Historia social de la ciencia.* Barcelona: Península, 1976, 2 v.

BIANCHETTI, L. e MEKSENAS, P. (orgs.). *A trama do conhecimento: Teoria, método e escrita em ciência e pesquisa.* Campinas: Papirus, 2008.

BRANDÃO, C.R. (org.). *Pesquisa participante*. 4ª ed. São Paulo: Brasiliense, 1984a.

_____ (org.). *Repensando a pesquisa participante*. São Paulo: Brasiliense, 1984b.

BUCKLEY, W. *A sociologia e a moderna teoria dos sistemas*. São Paulo: Cultrix, 1976.

BUNGE, M. *Epistemologia*. São Paulo: T.A. Queiroz, 1980.

CARVALHO, M.C.M. de (org.). *Construindo o saber: Fundamentos e técnicas de metodologia científica*. 24ª ed. 4ª reimp. Campinas: Papirus, 2015.

CERVO, A.L. e BERVIAN, P.A. *Metodologia científica*. 6ª ed. São Paulo: P.P. Hall, 2006.

CHAUI, M.S. *Convite à filosofia*. São Paulo: Ática, 1994.

CHAUI, M.S. *et al*. *Primeira filosofia: Lições introdutórias*. São Paulo: Brasiliense, 1984.

CHIZZOTTI, A. *Pesquisa em ciências humanas e sociais*. 8ª ed. São Paulo: Cortez, 2006.

DELORS, J. (org.). *Educação: Um tesouro a descobrir*. 6ª ed. São Paulo: Cortez; Brasília: MEC/Unesco, 2001.

DEMO, P. *Introdução à metodologia da ciência*. São Paulo: Atlas, 1988.

_____. *Educar pela pesquisa*. São Paulo: Editores Associados, 1996.

_____. *Pesquisa e informação qualitativa*. 4ª ed. Campinas: Papirus, 2009.

_____. *Educação e alfabetização científica*. Campinas: Papirus, 2010.

DUSILEK, D. *A arte da investigação criadora*. 7ª ed. Rio de Janeiro: Junta de Educação Religiosa e Publicações, 1986.

DYNIEWICZ, A.M. *Metodologia da pesquisa em saúde para iniciantes*. 3ª ed. rev. e ampl. São Caetano do Sul: Difusão, 2014.

ECO, U. *Como se faz uma tese em ciências humanas*. São Paulo: Perspectiva, 1983.

FAZENDA, I.C. (org.). *Novos enfoques da pesquisa educacional*. 2ª ed. São Paulo: Cortez, 1992.

FEITOSA, V.C. *Redação de textos científicos*. 11ª ed. Campinas: Papirus, 2007.

FRANCISCO, B.R. "Roteiros para análise de atividade". *Terapia ocupacional*. 5ª ed. Campinas: Papirus, 2008.

GAMBOA, A.S. "A dialética na pesquisa em educação: Elementos de contexto". *In*: FAZENDA, Ivani C.A. (org.). *Metodologia da pesquisa educacional*. São Paulo: Cortez, 1991, pp. 91-115.

GEWANDSZNAJDER, F. *O que é o método científico*. São Paulo: Pioneira, 1989.

GIL, A.C. *Métodos e técnicas de pesquisa social*. 6ª ed. São Paulo: Atlas, 2008.

_____. *Estudo de caso*. São Paulo: Atlas, 2009.

GOODE, W.J. e HATT, P.K. *Métodos em pesquisa social*. 5ª ed. São Paulo: Nacional, 1975.

GOUVEIA, A.J. "Notas a respeito das diferentes propostas metodológicas apresentadas". *Cadernos de Pesquisa*, n. 49, pp. 67-70, maio 1984.

JAPIASSU, H. *O mito da neutralidade científica*. Rio de Janeiro: Imago, 1975.

JAPIASSU, H. e MARCONDES, D. *Dicionário básico de filosofia*. 2ª ed. Rio de Janeiro: Zahar, 1991.

KOYRÉ, A. *Estudos de história do pensamento científico*. Rio de Janeiro: Forense, 1982.

_____. *Do mundo fechado ao universo infinito*. Rio de Janeiro: Forense, 1979.

KUHN, T.S. *A estrutura das revoluções científicas*. São Paulo: Perspectivas, 1978.

LAKATOS, E.M. e MARCONI, M.A. *Técnicas de pesquisa*. 7ª ed. São Paulo: Atlas, 2008.

LENIN, V.I. *Materialismo e empiriocriticismo*. Embu das Artes: Progresso, 1976.

LEOPOLDO E SILVA, F. "Dois filósofos do século XIX". *In*: CHAUI, M. *et al*. *Primeira filosofia: Lições introdutórias*. São Paulo: Brasiliense, 1984a, pp. 109-128.

_____. "Teoria do conhecimento". *In*: CHAUI, M. *et al*. *Primeira filosofia: Lições introdutórias*. São Paulo: Brasiliense, 1984b, pp. 175-195.

MINAYO, M.C.S. (org.). *Pesquisa social: Teoria, método e criatividade*. Petrópolis: Vozes, 1994.

MORAES, M.C. e LA TORRE, S. de. "Pesquisando a partir do pensamento complexo: Elementos para uma metodologia de desenvolvimento ecossistêmico". *Educação*. Porto Alegre, ano XXIX, n. 1 (58), pp. 145-172, jan./abr. 2006.

MORIN, E. *Ciência com consciência*. 6ª ed. Rio de Janeiro: Bertrand Brasil, 2002.

_____. "Entrevista". *Folha de S.Paulo*, Caderno B, 12/12/1993, p. 4.

_____. *Introdução ao pensamento complexo*. Lisboa: Instituto Piaget, 1990.

MORIN, E. e LE MOIGNE, J.-L. *A inteligência da complexidade*. São Paulo: Peirópolis, 2000.

MORIN, E. *et al. Idéias contemporâneas*. Entrevistas do *Le Monde*. São Paulo: Ática, 1989.

NOGUEIRA, O. *Pesquisa social: Introdução às suas técnicas*. 4ª ed. São Paulo: Nacional, 1977.

PÁDUA, E.M.M. de. "Análise de conteúdo, análise de discurso: Questões teórico-metodológicas". *Revista de Educação*. Campinas: PUC-Campinas, n. 13, pp. 21-30, nov. 2002. [Disponível em: http://periodicos.puc-campinas.edu.br/seer/index.php/reveducacao/article/viewFile/316/299.]

_____. "Trabalho de conclusão de curso: Elementos para a construção de um projeto integrado de desenvolvimento curricular". *Série Acadêmica*. Campinas: PUC-Campinas, n. 19, pp. 31-52, jan./dez. 2005. [Disponível em: https://www.puc-campinas.edu.br/wp-content/uploads/2016/04/periodicos-serie-academica-n19.pdf.]

_____. "Avaliação processual e acompanhamento dialogado: Desafios à orientação temática e metodológica dos trabalhos de conclusão de curso". *Série Acadêmica*. Campinas: PUC-Campinas, n. 22, pp. 43-73, jan./dez. 2007. [Disponível em: https://www.puc-campinas.edu.br/wp-content/uploads/2016/04/periodicos-serie-academica-n22.pdf.]

_____. "A contribuição da monografia para a formação em terapia ocupacional: Tendências temáticas e significado para o desenvolvimento curricular". *In*: PÁDUA, E.M.M. de e MAGALHÃES, L.V. (orgs.). *Terapia ocupacional: Teoria e prática*. 4ª ed. Campinas: Papirus, 2008a, pp. 131-154.

_____. "Avaliação processual no contexto da prática pedagógica: Desafios para o cotidiano da sala de aula". *Série Acadêmica*. Campinas: PUC-

Campinas, n. 23, pp. 15-29, jan./dez. 2008b. [Disponível em: https://www.puc-campinas.edu.br/wp-content/uploads/2016/04/periodicos-serie-academica-n23.pdf.]

_____. "A revisão de literatura como uma estratégia multidimensional de investigação: Elementos para o ensino e a pesquisa". *Série Acadêmica*. Campinas: PUC-Campinas, n. 27, pp. 53-69, jan./dez. 2011. [Disponível em: https://www.puc-campinas.edu.br/wp-content/uploads/2016/04/periodicos-serie-academica-n27.pdf/.]

_____. *Pesquisa e complexidade: Estratégias metodológicas multidimensionais.* Curitiba: CRV, 2014.

_____. "O trabalho monográfico como iniciação à pesquisa científica". *In*: CARVALHO, M.C.M. de (org.). *Construindo o saber: Fundamentos e técnicas de metodologia científica.* 24ª ed. 4ª reimp. Campinas: Papirus, 2015a, pp. 185-213.

_____. "Complexidade e pesquisa qualitativa: Aproximações". *Série Acadêmica*. Campinas: PUC-Campinas, n. 32, jan./dez. 2015b. [Disponível em: https://www.puc-campinas.edu.br/wp-content/uploads/2016/04/periodicos-serie-academica-n32.pdf.]

PÁDUA, E.M.M. de e MATALLO JUNIOR, H. (orgs.). *Ciências sociais, complexidade e meio ambiente: Interfaces e desafios.* Campinas: Papirus, 2008.

PÁDUA, E.M.M. de e POZZEBON, P.M. "O estudo de caso: Aspectos pedagógicos e metodológicos". *Revista de Ciências Médicas*. Campinas: PUC-Campinas, v. 5, n. 2, pp. 76-82, 1996.

PIAGET, J. *A situação das ciências do homem no sistema das ciências.* 3ª ed. Lisboa: Bertrand/Unesco, 1970.

PINTO, A.V. *Ciência e existência: Problemas filosóficos da pesquisa científica.* Rio de Janeiro: Paz e Terra, 1989.

PORZECANSKI, T. *Lógica y relato en trabajo social.* Buenos Aires: Humanitas, 1974.

REGIS DE MORAIS, J.F. *Filosofia da ciência e da tecnologia.* 7ª ed. Campinas: Papirus, 2002.

RUDIO, F.V. *Introdução ao projeto de pesquisa científica.* 6ª ed. Petrópolis: Vozes, 1982.

SALOMON, D.V. *Como fazer uma monografia: Elementos de metodologia do trabalho científico*. 4ª ed. Belo Horizonte: Interlivros, 1974.

SANTOS, J.A. e PARRA FILHO, D. *Metodologia científica*. São Paulo: Futura, 1998.

SAUL, A.M. *Avaliação emancipatória: Desafio à teoria e à prática de avaliação e reformulação de currículo*. 8ª ed. São Paulo: Cortez, 2010.

SEVERINO, A.J. *Filosofia*. São Paulo: Cortez, 1992.

_____. *Metodologia do trabalho científico*. 23ª ed. rev. e atual. 2ª reimp. São Paulo: Cortez, 2007.

SILVA, T.T. da (org.). *Teoria educacional crítica em tempos pós-modernos*. Porto Alegre: Artes Médicas, 1993.

SPIEGEL, M.R. *Estatística*. Rio de Janeiro: McGraw Hill, 1976.

THIOLLENT, M.J.M. *Metodologia da pesquisa-ação*. São Paulo: Cortez, 1985.

TRIVIÑOS, A.N.S. *Introdução à pesquisa em ciências sociais: A pesquisa qualitativa em educação*. São Paulo: Atlas, 1997.

VASCONCELOS, E.M. *Complexidade e pesquisa interdisciplinar: Epistemologia e metodologia operativa*. 4ª ed. Petrópolis: Vozes, 2009.

VASCONCELLOS, M.J.E. de. *Pensamento sistêmico: O novo paradigma da ciência*. 2ª ed. rev. Campinas: Papirus, 2003.

YIN, R.K. *Estudo de caso: Planejamento e métodos*. 4ª ed. Porto Alegre: Artmed, 2010.

ANEXOS

EXEMPLOS REFERENTES À FORMA GRÁFICA DO TEXTO:

- Exemplo de capa;
- Exemplo de página de rosto;
- Exemplo de sumário;
- Exemplo de lista de gráficos;
- Exemplo de lista de siglas;
- Exemplo de bibliografia.

EXEMPLO DE ROTEIRO PARA OBSERVAÇÃO SISTEMÁTICA EM INSTITUIÇÕES.

ORIENTAÇÕES GERAIS PARA REVISÃO DE LITERATURA.

PRINCIPAIS NORMAS DA ASSOCIAÇÃO BRASILEIRA DE NORMAS TÉCNICAS (ABNT) UTILIZADAS NOS MEIOS ACADÊMICOS.

EXEMPLOS REFERENTES À FORMA GRÁFICA DO TEXTO

ELISABETE MATALLO MARCHESINI DE PÁDUA

IDEOLOGIA E FILOSOFIA NO BRASIL
O INSTITUTO BRASILEIRO DE FILOSOFIA E A REVISTA BRASILEIRA
DE FILOSOFIA

FACULDADE DE EDUCAÇÃO DA UNIVERSIDADE DE SÃO PAULO
MARÇO DE 1998

ELISABETE MATALLO MARCHESINI DE PÁDUA

IDEOLOGIA E FILOSOFIA NO BRASIL
O INSTITUTO BRASILEIRO DE FILOSOFIA E A REVISTA BRASILEIRA
DE FILOSOFIA

Tese de Doutorado apresentada
ao Programa de Pós-Graduação
da Faculdade de Educação da
Universidade de São Paulo, sob
orientação do Prof. Dr. Antônio
Joaquim Severino.

FACULDADE DE EDUCAÇÃO DA UNIVERSIDADE DE SÃO PAULO
MARÇO DE 1998

SUMÁRIO

INTRODUÇÃO 01

CAPÍTULO I - O Instituto Brasileiro de Filosofia: a construção de um projeto 12

   1 - Projeto de Formação Filosófica 21

   2 - Projeto Editorial 30

   3 - Projeto de Legitimação Acadêmica 33

   4 - Projeto de apoio a outros institutos ou associações 43

      4.1 - Ampliação das atividades do IBF através da criação de seções

         em outros estados da federação 43

      4.2 - Ampliação das atividades do IBF através da

         participação em outras associações 45

CAPÍTULO II - A Revista Brasileira de Filosofia 55

   1 - Considerações Gerais 55

   2 - Metodologia da Pesquisa 58

   3 - Apresentação e Análise dos Resultados 61

   4 - Temáticas Filosóficas 75

CAPÍTULO III - O significado do IBF e da *RBF* para a Filosofia

   Contemporânea no Brasil: relações com o contexto histórico-social .. 85

   1 - Filósofos e Filosofantes: uma questão metodológica 87

   2 - Cultura e culturalismo: uma questão conceitual 106

   3 - Pensamento Conservador e Pensamento

      Progressista: uma questão ideológica 118

CONCLUSÃO 132

BIBLIOGRAFIA 142

APÊNDICE A - A questão da ideologia: considerações sobre o referencial teórico ... 148

APÊNDICE B - Análise de Conteúdo, Análise de Discurso: questões metodológicas 149

ANEXO 1 – IBF: Estatuto 150

ANEXO 2 – IBF: Programa de Curso, 1955 151

ANEXO 3 – *RBF*: Base de Dados – 1951-1995 152

LISTA DE GRÁFICOS

1. *RBF*: distribuição de artigos e resenhas 61

2. *RBF*: participação dos 10 primeiros autores no total de artigos publicados 62

3. *RBF*: participação dos 10 primeiros resenhadores no total de resenhas publicadas . 63

4. *RBF*: agrupamento de autores por quantidade de artigos 65

5. *RBF*: agrupamento de autores por quantidade de resenhas 66

6. *RBF*: porcentagem de participação dos autores dentro do grupo
   e em relação ao total de artigos 68

7. *RBF*: porcentagem de participação dos resenhadores dentro do grupo
   e em relação ao total de resenhas 72

LISTA DE SIGLAS

IBF: Instituto Brasileiro de Filosofia

RBF: *Revista Brasileira de Filosofia*

USP: Universidade de São Paulo

Ibrae: Instituto Brasileiro de Altos Estudos

IFLB: Instituto de Filosofia Luso-Brasileira

Iseb: Instituto Superior de Estudos Brasileiros

ABL: Academia Brasileira de Letras

ABF: Academia Brasileira de Filosofia

BIBLIOGRAFIA

A) Geral

ACERBONI, Lídia. *A Filosofia Contemporânea no Brasil*. São Paulo: Grijalbo, 1989.

ALBUQUERQUE, Manuel Maurício de. *Pequena História da Formação Social Brasileira*. Rio de Janeiro: Graal, 1984.

ARANTES, Paulo Eduardo. Cruz Costa e os herdeiros nos idos de sessenta. *Filosofia Política*, n$^{\circ}$ 2, 1985, 144-162.

_____. *Um Departamento Francês de ultramar: estudos sobre a formação da cultura filosófica uspiana*. Rio de Janeiro: Paz e Terra, 1994.

_____. Para onde caminha o bonde da Filosofia? *Folha de S.Paulo*. Caderno 6, p. 4, 06.02.94.

BAKHTIN, M. *Marxismo e Filosofia da Linguagem*. 5ª ed. São Paulo: Hucitec, 1990.

BARROS, Roque Spencer Maciel de. *A Ilustração Brasileira e a Idéia de Universidade*. São Paulo: Convívio/Edusp, 1986.

BOSI, Alfredo. *Estudos Avançados*, Instituto de Estudos Avançados, São Paulo: USP. v. 8, n. 22, introdução.

BOUDON, Raymond. *A Ideologia*. Trad. Emir Sader. São Paulo: Ática, 1989.

CESAR, Constança Marcondes. *Filosofia na América Latina*. São Paulo: Paulinas, 1988.

_____. O Pensamento Filosófico em São Paulo, neste século. *Reflexão*, ano X, n$^{\circ}$ 31, 19, 105-112.

CHAUI, Marilena de S. *O que é ideologia*. 3ª ed. São Paulo: Brasiliense, 1981.

_____. Ideologia e Educação. *Educação & Sociedade*. Ano II. n$^{\circ}$ 5, 1980, 24-46.

130 Papirus Editora

EXEMPLO DE ROTEIRO PARA OBSERVAÇÃO SISTEMÁTICA EM INSTITUIÇÕES[1]

Pesquisa em instituições e serviços/1999

Indicadores para observação sistemática[2]

I – Caracterização da instituição/serviço

Nome da instituição/serviço: _____

Área de atuação: _____

Responsável pelas informações: _____

Local e data da pesquisa: _____

Autorização para publicação e/ou utilização dos dados para pesquisas acadêmicas:

Sim ( ) Não ( )

Histórico da instituição

Registrar dados históricos da instituição/serviço, data de fundação, fundadores, estatutos e regimento interno, aspectos jurídicos, organogramas, fluxogramas, bem como outros dados institucionais que considerar relevantes para a pesquisa.

_____

_____

---

1. Este roteiro foi elaborado para orientar o processo de coleta de dados para o trabalho monográfico de alunos concluintes do curso de graduação em Terapia Ocupacional da PUC-Campinas, com a colaboração da professora Maria José S.N. de Sá. Citado aqui apenas como exemplo, uma vez que todo roteiro deve ser devidamente construído/adaptado a partir dos objetivos e das características de cada pesquisa.
2. A partir de roteiros da disciplina Terapia Ocupacional Geral, ministrada no referido curso.

Tipo de instituição/serviço

❏ pública governamental
❏ pública não governamental
❏ beneficente
❏ privada
❏ serviço de saúde
❏ educacional
❏ promoção social
❏ outros _____

Tipos de serviços oferecidos

❏ internação hospitalar
❏ moradia
❏ atendimento ambulatorial
❏ assistência comunitária
❏ UTI
❏ centro de documentação e/ou biblioteca
❏ consultoria educativa e/ou de promoção social
❏ centro-dia ou de convivência
❏ outros _____

Objetivos que pretende alcançar

Condições da demanda e da oferta de serviços
Dados da demanda atual:
❏ há tendência de crescimento da demanda
❏ há possibilidades de atendimento do crescimento da demanda
❏ há tendência de diminuição da demanda

Espaço físico

Localização: _____

Área total da instituição: _____

Área do setor de TO: _____

Áreas de lazer:

❏ bosques/jardins
❏ quadras de esporte
❏ oficinas
❏ parque infantil
❏ piscina
❏ outros _____

Condições de higiene

	Ótimas	Boas	Regulares	Péssimas
Das instalações				
Dos equipamentos				
Do setor de t. ocupacional				
Da clientela				

II – Caracterização dos tipos de atendimento

❏ atendimento individual
❏ atendimento grupal
❏ intervenção coletiva
❏ internação hospitalar e/ou maternidade
❏ assistência ambulatorial
❏ orientação a distância
❏ outros _____

III – Caracterização da clientela

Faixa etária _____ Sexo _____

Condições especiais

❏ deficiência física
❏ deficiência mental
❏ deficiência sensorial
❏ doença mental
❏ outras _____

Condições clínicas

❏ sem problemas clínicos
❏ estáveis
❏ moderadas
❏ graves
Observações: _____

Condições sociais

❏ sem risco
❏ em condições de risco
❏ em situação de risco
Observações: _____

IV – Caracterização do setor e das condições de atuação da TO[3]

Terapeutas ocupacionais na instituição: _____
Composição da equipe que atua no local (profissionais, docentes, outros):

_____

Instalações físicas do setor

❏ adequadas às demandas da clientela (sem barreiras arquitetônicas ou outras limitações)
❏ razoáveis, levando-se em conta adaptações realizadas no local
❏ inadequadas porque _____
Outras observações: _____

Função dos terapeutas ocupacionais no setor

❏ assistencial
❏ docente-assistencial
❏ administrativa
❏ orientação familiar
❏ orientação profissional
❏ contato interinstitucional
❏ outras _____

Procedimentos de ajuda oferecidos pela terapia ocupacional à clientela

❏ terapia breve, focal ou emergencial
❏ assistência terapêutica de longa duração

---

3. Para análise de atividade, completar com "Roteiros para análise de atividade" (Francisco 2008, p. 81 ss.).

❏ orientação individual
❏ orientação grupal
❏ orientação familiar
❏ oficina de profissionalização e afins
❏ triagem e encaminhamento a outros serviços
❏ outros _____

Observar dificuldades *decorrentes da dinâmica institucional e/ou clientela*

❏ problemas de comunicação com outros terapeutas
❏ problemas de comunicação com outros profissionais da equipe
❏ problemas de comunicação com a família dos pacientes e/ou comunidade
❏ problemas no acompanhamento terapêutico da clientela
❏ problemas econômicos da clientela e/ou da instituição
❏ escassez de recursos materiais
❏ descrédito (preconceito) com relação ao trabalho realizado no setor
❏ outras _____

Observar facilidades *encontradas pela terapia ocupacional na instituição*

❏ reconhecimento da contribuição da terapia ocupacional
❏ recursos materiais adequados e disponíveis no setor
❏ registros e prontuários dos pacientes disponíveis para análise
❏ facilidade de acesso a informações
❏ autonomia na condução das propostas de trabalho
❏ relações claras e objetivas com a equipe
❏ outras _____

Observar e registrar as *atividades* realizadas no setor de terapia ocupacional.

Observar e registrar os *tipos de materiais* utilizados no setor de terapia ocupacional.

Observar e registrar os *recursos de comunicação* empregados com a clientela/família/comunidade (comunicação oral, faixas, cartazes, *folders*, revistas, jornais, boletins etc. Solicitar exemplares, se for o caso, que poderão constituir anexos do relatório da pesquisa que está sendo realizada).

V – Avaliação

Avaliação da instituição/serviço

1) Em relação aos objetivos:

Anote suas considerações, relacionando com cada *objetivo* que a instituição/serviço se propõe alcançar.

---

2) Em relação às ações institucionais:

Observe se há normas rígidas preestabelecidas para a interação da equipe – dirigentes, terapeutas, técnicos, clientela.

Observe se há normas rígidas preestabelecidas para "enquadrar" a clientela.

Observe se as ações institucionais favorecem ou não a inclusão social da clientela.

Anote outros aspectos/dados que sejam relevantes para a pesquisa.

---

3) Anote sua avaliação quanto aos benefícios proporcionados à clientela pelo programa de terapia ocupacional.

Avaliação do papel do terapeuta ocupacional na instituição/serviço

Considerando que as características do *papel* do terapeuta ocupacional na instituição fazem parte de um processo (aprimoramento, especialização, experiência profissional etc.) pode anotar:

1) quais aspectos do papel do terapeuta ocupacional você identificou;

2) quais habilidades pessoais são necessárias para atuação do terapeuta ocupacional;

3) quais áreas de conhecimento são fundamentais para a atuação.

Avaliação pessoal

Considere dúvidas, sentimentos, sugestões para melhoria no atendimento, propostas alternativas para atuação da terapia ocupacional ou outros aspectos que possam contribuir para a pesquisa.

ORIENTAÇÕES GERAIS PARA REVISÃO DE LITERATURA

A revisão de literatura consiste na descrição do que já se conhece sobre o problema que se quer investigar, ou seja, o "estado da arte" em determinada área do conhecimento. Pode ser definida como uma síntese comentada da bibliografia teórica ou temática, relacionada ao projeto que se quer desenvolver.

Tem por objetivos verificar onde se encontram os principais entraves, ou as principais lacunas, para que se possa compreender o problema a ser estudado; a revisão de literatura pode integrar diferentes modalidades de pesquisa ou trabalhos acadêmicos ou constituir, em si, um trabalho de conclusão de curso, por exemplo.

Pode tratar tanto de abordagens teóricas, quanto de aspectos metodológicos, estratégicos ou práticos, operacionais.

No que se refere aos aspectos metodológicos, os procedimentos mais importantes são:

1) Definir critérios de seleção das pesquisas ou dos estudos já realizados sobre o tema/problema que se quer investigar; para tanto, o primeiro passo é identificar em quais bases de dados se poderia fazer um levantamento preliminar sobre o tema, já que a busca eletrônica se constitui, hoje, em importante recurso para a pesquisa.

Definidas as bases de dados, é imprescindível estabelecer quais palavras-chave (descritores, unitermos) serão utilizadas para o levantamento preliminar, dando início ao processo de busca.

Os resultados desse primeiro passo devem ser organizados em tabelas ou listagens, em que constem as bases de dados consultadas, as respectivas palavras-chave, os estudos recuperados e os estudos considerados relevantes para a revisão de literatura, conforme sugestão a seguir:

BASES DE DADOS CONSULTADAS	PALAVRAS-CHAVE UTILIZADAS
1) 2) 3)... etc.	

2) O passo seguinte consiste em relacionar/triar, de cada base de dados, os estudos/artigos (dissertações, teses, quando for o caso) que são importantes para o tema/problema que está sendo investigado:

BASES DE DADOS CONSULTADAS	ARTIGOS RECUPERADOS	ARTIGOS SELECIONADOS

Os estudos selecionados e relacionados como relevantes serão objeto da revisão de literatura propriamente dita, ficando então relacionados e organizados em listagem ou tabela que será orientadora de todo o processo:

BASES DE DADOS CONSULTADAS	AUTORES	TÍTULOS	ANO DE PUBLICAÇÃO

As listagens ou tabelas são importantes registros da metodologia utilizada e constituem os itens fundamentais do levantamento preliminar.

Com base nos estudos selecionados, inicia-se a revisão de literatura, que consiste na síntese comentada dos estudos, realizada por meio da leitura analítica dos textos; estes devem ser organizados por ordem cronológica, do mais antigo ao mais recente, para que se possa ter uma ideia de como tem sido a evolução no tratamento do tema, pelos autores pesquisados.

Embora sejam encontradas revisões de literatura em que os comentários e a avaliação crítica aparecem logo após a síntese comentada, o mais usual, nos meios acadêmicos, é que se apresente uma discussão sobre os estudos, em item ou capítulo específico, em especial nos trabalhos de conclusão de curso da graduação ou da especialização.

A seguir apresentamos um roteiro básico para apresentação da revisão de literatura, a ser complementado ou modificado conforme os objetivos de cada pesquisa ou área do conhecimento:

Elementos pré-textuais

- Capa
- Página de rosto
- Dedicatória ou epígrafe
- Resumo
- Listas (de tabelas, de figuras, de quadros, de abreviaturas, de siglas e outras)
- Sumário

Elementos textuais

- Introdução
- Objetivos gerais e específicos
  I – Metodologia
  1) Descrição dos procedimentos para a busca e seleção dos estudos já realizados (artigos, pesquisas, teses, dissertações e outros);
  2) Resultados da busca (tabelas, listagens e outros);
  3) Apresentação das sínteses comentadas
  II – Discussão
- Conclusões ou Considerações finais

Elementos pós-textuais

- Referências bibliográficas
- Bibliografia consultada (quando solicitada)
- Anexos e/ou Apêndices (quando pertinentes)
- Contracapa

PRINCIPAIS NORMAS DA ASSOCIAÇÃO BRASILEIRA DE NORMAS TÉCNICAS (ABNT) UTILIZADAS NOS MEIOS ACADÊMICOS

ABNT Nº	TÍTULO	REGULAMENTAÇÃO
NBR 6023 Ago./2002	Informação e documentação – referências – elaboração.	Fixa exigências para elaboração de referências bibliográficas, referências de documentos eletrônicos e multimídia, material cartográfico, material iconográfico.
NBR 10719 Jun./2015	Apresentação de relatórios técnico-científicos.	Fixa exigências para elaboração (roteiro) e apresentação de relatórios técnico-científicos.
NBR 10520 Ago./2002	Apresentação de citações em documentos.	Fixa exigências para apresentação de citações em documentos.
NBR 6028 Nov./2003	Resumos.	Orienta os autores quanto à elaboração de resumos para artigos, comunicações, dissertações, monografias, relatórios, teses.
NBR 6027 Nov./2012	Sumário.	Fixa exigências para a estrutura, localização e organização do sumário.
NBR 6022 Maio/2003	Apresentação de artigos em periódicos.	Orienta os autores quanto à normalização de artigos a serem publicados em revistas técnicas e científicas.
NBR 6024 Mar./2012	Numeração progressiva das seções de um documento.	Fixa exigências para um sistema de numeração progressiva em diferentes tipos de documentos: artigos, dissertações, livros, relatórios, teses.
NBR 6029 Abr./2006	Apresentação de livros e folhetos.	Fixa exigências para apresentação de obras impressas, como livros e folhetos. Auxilia os autores na publicação de dissertações, monografias, teses.
NBR 14724 Mar./2011	Apresentação de trabalhos acadêmicos.	Orienta os autores quanto aos elementos e estrutura de trabalhos acadêmicos: pré-texto; texto; pós-texto.

Observação: Sugerimos que seja feita uma consulta, pelo número, à normalização referente aos trabalhos acadêmicos antes de sua entrega final, uma vez que a ABNT constantemente revisa e altera essas orientações.

Especificações técnicas

Fonte: Times New Roman 11 p
Entrelinha: 14 p
Papel (miolo): Offset 75 g
Papel (capa): Cartão 250 g